高等学校烹饪与营养教育专业教材

中国名菜制作工艺

唐英明 / 主编

ZHONGGUO
MINGCAI
ZHIZUO GONGYI

中国轻工业出版社

图书在版编目（CIP）数据

中国名菜制作工艺 / 唐英明主编. -- 北京：中国轻工业出版社, 2025. 9. -- ISBN 978-7-5184-5646-8

I. TS972.117

中国国家版本馆CIP数据核字第2025FT7001号

责任编辑：秦宏宇　　　　责任终审：白　洁　　设计制作：锋尚设计
策划编辑：史祖福　方　晓　责任校对：朱燕春　　责任监印：张京华

出版发行：中国轻工业出版社（北京鲁谷东街5号，邮编：100040）
印　　刷：艺堂印刷（天津）有限公司
经　　销：各地新华书店
版　　次：2025年9月第1版第1次印刷
开　　本：787×1092　1/16　印张：11
字　　数：229千字
书　　号：ISBN 978-7-5184-5646-8　定价：49.00元

邮购电话：010-85119873
发行电话：010-85119832　010-85119912
网　　址：http://www.chlip.com.cn
Email：club@chlip.com.cn

版权所有　侵权必究
如发现图书残缺请与我社邮购联系调换
210736J1X101ZBW

本书编写人员

主　　编：唐英明（四川旅游学院）
副主编：欧阳灿（四川旅游学院）
　　　　陈旭东（四川旅游学院）
　　　　刘军丽（四川旅游学院）
参　　编：童光森（四川旅游学院）
　　　　昝博文（四川旅游学院）
　　　　陈　琪（四川旅游学院）
　　　　朱　莉（北京联合大学）
　　　　姜　新（四川金牛宾馆）
　　　　林兴刚（四川金牛宾馆）
　　　　李　维（四川旅游学院）
　　　　毕继才（河南科技学院）
　　　　李　毅（黄山学院）
　　　　谢天慧（四川轻化工大学）
　　　　汪　磊（北部湾大学）
　　　　李　锐（岭南师范学院）
　　　　胡建国（济南大学）
　　　　邓　玮（南宁职业技术大学）

PREFACE 前 言

中国名菜制作工艺作为烹饪与营养教育专业、烹饪与餐饮管理专业的核心课程，是一门融合了饮食文化、烹饪理论、技术与创新的综合应用性课程。它专注于挖掘与总结中国地方菜肴的制作工艺和特色，积极推动中国烹饪技术和菜肴的传承与发展。在全面归纳传统与现代餐饮文化的烹饪技艺和经验基础上，借助餐饮原料学、烹饪基本功、烹饪技术等理论与实践课程，构建了独特的课程体系、教学内容和方法，形成了综合性技术课程架构。

随着我国餐饮业的蓬勃发展，烹饪高等教育也迎来了前所未有的机遇，中国名菜制作工艺课程的建设与改革也随之全面推进，成为衡量烹饪技术教学质量、专业特色及学生技术水平的重要标志。本教材秉持教学与教研、科研相结合的理念，将理论教学与实践教学深度融合，将课程思政与专业技能全面融合，将对职业素质、专业知识、技术能力和创新能力的培养贯穿始终。以职业素质和基本技术为核心，以创新能力培养为目标，在传承传统菜肴文化与技术的基础上，突出对烹饪文化素养、扎实基本功训练的培养，以"比较—研究—创新—发展"的方法，有力地推动烹饪技术教育和人才培养的进程。

在教学内容上，本教材整合了中国名菜相关的文化知识，深入研究中国传统名菜特色，紧密贴合餐饮行业对技术能力的需求，致力于培养学生继承和发扬中国烹饪文化与技术的能力。通过对中国名菜文化知识的引入，以及对名菜原料选择、烹饪工艺、调味技术的研究分析，学生能够深入理解并掌握名菜制作的技术要领。在名师的指导下，学生技术能力层次会得到提升，从而实现对传统菜肴的发展与创新。本教材打破传统教学模式，采用创新教学方式、手段和内容，形成了独具特色的教学模式，为培养学生的创新能力奠定了坚实的基础。

本教材在编写过程中，得到了四川省商业投资集团有限责任公司、四川省旅游投资集团有限责任公司等大型国有企业，金牛宾馆、锦江宾馆等国宾馆，以及银芭等米其林餐厅、黑珍珠餐厅的大力支持。本教材的编写人员来自全国多个地区，均在"中国名菜制作工艺"和"中国饮食文化"领域深耕多年，具备深厚的理论基础与实践经验，致力于将中国烹饪文化的传承与创新融入教材。本教材的内容共四章，其中，绪论、全四章的第一节由刘军丽编写，第一章第二节由昝博文编写，第二章第二节由陈旭东编写，第三章第二节由唐英明编写，第四章第二节由欧阳灿编写。全书由唐英明统稿。此外，童光森、陈琪、朱莉、姜新、林兴刚、李维、毕继才、李毅、谢天慧、汪磊、李锐、胡建国、邓玮也参与了本教材的编写工作。本教材在编写过程中参考、借鉴了一些专家学者的研究成果和教改成果，在此表示感谢。

本教材既可作为烹饪本专科相关课程专业教材，也可作为职业培训教材和继续教育教材。同时，也适用于酒店管理专业人员和广大的烹饪、美食爱好者。编写团队希望广大师生在使用本教材过程中提出宝贵意见和建议，以便今后再版修订时完善。

编 者

2025年5月

CONTENTS 目 录

绪论 / 001

第一章　山东风味菜 / 007

第一节　山东风味菜概述 / 008
第二节　山东风味名菜制作 / 011
　　葱烧海参 / 011
　　原壳鲍鱼 / 014
　　油爆海螺 / 016
　　绣球干贝 / 018
　　糖醋黄河鲤鱼 / 020
　　九转大肠 / 023
　　火爆燎肉 / 026
　　锅煽鱼盒 / 028
　　醋椒鳜鱼 / 030
　　炸烹大虾 / 032
　　芫爆乌鱼花 / 034
　　捶烩虾片 / 036
　　四喜丸子 / 038
　　锅烧鸭子 / 040
　　爆炒腰花 / 042

第二章　江苏风味菜 / 045

第一节　江苏风味菜概述 / 046
第二节　江苏风味名菜制作 / 049
　　清炖蟹粉狮子头 / 049
　　大煮干丝 / 052

松鼠鳜鱼 / 054

松子鱼米 / 057

炒软兜 / 059

五味煎蟹 / 061

宋嫂鱼羹 / 063

腌笃鲜 / 065

龙井虾仁 / 067

芙蓉鱼片 / 069

扬州炒饭 / 071

梁溪脆鳝 / 073

糟熘鱼片 / 075

大烧马鞍桥 / 077

第三章　广东风味菜 / 079

第一节　广东风味菜概述 / 080

第二节　广东风味名菜制作 / 083

广东烧腊（叉烧肉） / 083

清蒸石斑鱼 / 085

咕噜生炒骨 / 087

客家东江豆腐煲 / 089

客家东江盐焗鸡 / 091

豉汁蒸鳗鱼 / 093

脆炸牛奶 / 095

姜葱焗肉蟹 / 097

避风塘炒虾 / 099

柠汁煎鸡柳 / 101

脆皮乳鸽 / 103

珧柱冬瓜炖田鸡 / 106

广式小炒皇 / 108

铁板黑椒牛柳 / 110

生啫鳝鱼 / 112

广式咖喱焖鸡 / 114

第四章　四川风味菜 / 117

第一节　四川风味菜概述 / 118
第二节　四川风味名菜制作 / 121
　　　　回锅肉 / 121
　　　　宫保鸡丁 / 123
　　　　麻婆豆腐 / 125
　　　　豆瓣鱼 / 127
　　　　鱼香肉丝 / 129
　　　　干烧鱼 / 131
　　　　鸡豆花 / 133
　　　　太白鸡 / 135
　　　　雪花鸡淖 / 137
　　　　椒麻鸡片 / 139
　　　　夫妻肺片 / 141
　　　　冷吃牛肉 / 143
　　　　花椒鸡丁 / 145
　　　　葱酥鱼条 / 147
　　　　山椒凤爪 / 149
　　　　清汤鸡丸 / 151
　　　　水煮牛肉 / 153
　　　　酸菜鱼 / 155
　　　　毛血旺 / 157
　　　　干煸牛肉丝 / 159
　　　　粉蒸肉 / 161

参考文献 / 163

绪论

一、中国烹饪风味流派的形成与发展

中国烹饪风味流派，是指中国烹饪在历史发展过程中形成的各种相对独立、自成系统的选料原则、烹调工艺和产品体系。中国烹饪风味流派历史悠久，派系众多，百花齐放，争奇斗艳，使中国烹饪以多样和强烈的民族风格成为世界烹饪文化宝库中光芒耀眼的文化瑰宝之一。

（一）中国烹饪风味流派的形成和演变

1．先秦时期：南北风味初现

中国烹饪风味流派的形成可以追溯到先秦时期。当时，饮食分类细化，并出现明显的地区特征。据《周礼》《礼记》等文献记载，当时的饮食已分为食、饮、膳、羞、珍，或饭、膳、饮、酒、羞等类别，每一类别中又有许多不同的品种。其时的典型代表是周代王宫中的八珍和周末楚国宫中的名食。"周代八珍"载于《礼记》之中，包括淳熬、淳毋、炮豚、炮牂、捣珍、渍、熬和肝膋，多以猪、牛、羊、狗为原料，以咸味为主。而《礼记》所记载的饮食皆为中原及北方名食，因此，"周代八珍"可以说是黄河流域饮食风味的代表。楚宫名食则载于《楚辞》之中，包括牛腱、吴羹、炮羔、酸鹄（天鹅）、腯凫（野鸭）、煎鸿（大雁）、露鸡、蜜饵以及带苦味的狗肉、酸味的蒌蒿、炙鸹（乌鸦）等，原料多用各种飞禽，味道则更增酸、甜、苦之味。《楚辞》所载的饮食主要为中南名馔，与黄河流域的食品有明显的差异，因此可以说楚国宫中的菜肴是长江流域饮食风味的代表。二者呈现出明显的地区特征，表明中国烹饪的南北风味开始分野，成为中国南北不同地方风味流派之源。

2．秦汉至唐宋时期：风味体系形成

秦汉时期，随着农业技术的进步和畜牧业的发展，各地的物产资源日益丰富，为烹饪提供了多样化的原料，促使不同地区的饮食风味开始逐渐显现差异，为后续风味流派的形成奠定了基础。进入隋唐两宋时期，经济的繁荣促进了城市的发展，人口流动更为频繁，文化交流也越发密切，这些因素共同推动了烹饪技艺的快速发展和广泛传播，各地的风味流派逐渐成熟并呈现出多样化的特点。隋唐时期，东南地区的美食文化尤为突出，尤其是被誉为"东南佳味"的金齑玉脍。唐宋时期，"南食""北食"概念的明确化，标志着地域风味体系的逐渐成熟。宋代汴京的市肆中，"川饭店""南食店"等专业食肆的出现，使风味流派的划分更加清晰。这些食肆不仅提供了特定地方风味的菜肴，还促进了不同地域烹饪技艺的交流与融合。

3．明清时期：风味流派定型

明清时期，由于烹调技术全面提高，菜点数量众多、品质精良、风格多样，加之长期以来受政治、经济、地理气候、物产、习俗等因素差异的持续影响，地方风味流派形成稳定的格局。清末徐珂编撰的《清稗类钞》中指出"肴馔之有特色者，为京

师、山东、四川、广东、福建、江宁、苏州、镇江、扬州、淮安。"在清代形成的稳定的地方风味流派中，最具代表性的就是黄河流域的山东风味菜、江淮流域的江苏风味菜、珠江流域的广东风味菜和长江流域的四川风味菜。这些地方风味流派对近现代中国烹饪的影响极为深远。

（二）中国烹饪风味流派的形成原因

烹饪风味流派既因许多主客观因素而形成，必然具备一定的表现形式和特征。中国风味流派形成的因素主要有物质因素、地理环境因素、历史因素、民族传统和习俗因素。

1. 物质因素

中国烹饪的物质因素包括烹饪原料和烹饪工具。从烹饪原料来看，中国烹饪的发展历史也是中国烹饪原料不断丰富和更新的历史。而受地域和风俗习惯的影响，烹饪原料也形成了以当地物产为主的原料特色。各地涌现的名厨与进步的烹饪加工工具相结合，无疑是促进不同风味流派形成的重要因素。

2. 地理环境因素

我国幅员辽阔，各地区的自然条件、地理环境和物产资源有着很大的差别，这是各地人民的饮食品种和口味习惯各不相同的物质基础和先决条件。《博物志·卷一》中记载："东南之人食水产，西北之人食陆畜。食水产者，龟蛤螺蚌以为珍味，不觉其腥臊也；食陆畜者，狸兔鼠雀以为珍味，不觉其膻也。有山者采，有水者渔。"物产决定了人们的食性，而长期形成的对某些独特风味的追求，逐渐变成难以改变的习性，成为饮食习惯中重要的组成部分。正因为如此，才形成了各有所好、各有特色的地方风味。需要注意的是，为保障人民的生命财产安全，保护自然生态环境，一些野生及保护动物已依法禁止被买卖和食用。

3. 历史因素

中国烹饪文化源远流长，历经数千年的传承与发展，不同历史阶段的独特背景催生了各具特色的风味流派。先秦时期，中国已出现南北相异的饮食习惯，为地域风味奠定了基础。秦汉时期，随着农业和畜牧业的进步，烹饪原料日益丰富，各地开始形成初步的风味特色。唐宋时期，经济繁荣、文化交流频繁，城市商业蓬勃发展，促使烹饪技艺不断创新和传播，各地风味流派逐渐成熟。明清时期，烹饪技艺达到鼎盛，鲁、苏、粤、川四大菜系正式形成，湘、闽、徽、浙等地方风味流派也不断发展壮大，各种风味流派在保持自身特色的同时，相互交流、融合，形成了丰富多彩的中国烹饪风味体系。这些风味流派承载着历史的记忆，反映了不同历史时期的社会经济、文化习俗和审美观念，成为中国烹饪文化不可或缺的一部分。

4. 民族传统和习俗因素

五十六个民族各具特色的饮食传统和习俗是烹饪风味流派形成的重要因素。这些传统习俗在特定社会经济条件、地域范围和历史阶段中逐步形成，具有强大的沿袭性和稳定性，使得相应的风味流派得以延续。除民族传统和习俗外，统治阶级的偏好、宗教文化的传播、社会风气等也对中国烹饪产生了影响。同时，科技进步、交通发展、市场繁荣以及交流频繁促使中国各地区烹饪相互融合，各地域的菜点取长补短，使传统风味流派的界限变得相对模糊。如今，中国已形成以地方风味流派为主体，涵盖民族、宗教、仿古等多元化的烹饪风味流派体系，各流派相互补充、共同发展，构成中国烹饪文化完整且不可分割的整体。

二、中国名菜的定义与内涵

在中国烹饪的博大世界里，"风味"是界定地域饮食文化基因的核心标识。它原指人的风采与风度，南北朝时延展至食物领域，成为美味的代名词。饮食科学与人文精神交融在"风味"中，色、香、味、形、质构成其核心要素。在漫长的历史中，中国烹饪受地理、历史、文化等多重因素影响，孕育了各具特色的菜肴与面点流派。风味流派在特定区域历经传承，沉淀出稳定的烹饪特质与饮食风尚，成为中国烹饪的璀璨明珠。从风味到流派，从地域风尚到名菜，这条脉络清晰地勾勒出中国名菜的轮廓。

（一）中国名菜的定义

中国名菜是在中国烹饪历史长河中逐渐形成和发展的、具有高度代表性和广泛影响力的著名菜肴。它们是中国烹饪文化的精髓和重要载体，承载着丰富的历史文化内涵和独特的烹饪技艺。中国名菜不仅在选材、刀工、火候、调味等烹饪工艺上精益求精，展现出高超的技艺水平，更在色、香、味、形、器等方面达到完美统一，给人以美的享受。其形成和发展受到地域环境、民俗风情、历史传承等多种因素的影响，各具地方特色和文化韵味，如鲁菜名菜的咸鲜浓郁、川菜名菜的麻辣鲜香、粤菜名菜的清醇鲜美、苏菜名菜的造型精巧等。这些名菜不仅是味觉的盛宴，更是中华民族智慧的结晶和传统文化的重要组成部分，对于传承和弘扬中国饮食文化具有不可替代的重要价值。

（二）中国名菜的内涵

中国名菜的内涵在历史性、地域性、艺术性和技艺性四个方面得以充分展现。

1. 历史性

中国名菜的历史性体现在其悠久的传承和发展脉络中。许多名菜起源于古代宫廷或民间传统，经过历代厨师的不断完善和创新，形成了独特的制作工艺和文化内涵。例如，北京烤鸭的历史可以追溯到南北朝时期，当时已有相关的记载，但其真正成名是在明清时期，成为宫廷御膳中的佳肴。这道菜不仅在制作工艺上继承了传统技艺，还承载了皇家的饮食文化和礼仪规范，反映了当时社会的经济状况和文化特色。又如，东坡肉与宋代文学家苏东坡的故事紧密相连，其制作方法和口味特色在历史的长河中得以传承和发扬，成为中华饮食文化中的经典代表之一。这些名菜见证了中国历史的变迁，成为连接过去与现在的文化纽带。

2. 地域性

中国地域辽阔，不同地区的自然环境、气候条件、物产资源和风俗习惯造就了名菜鲜明的地域特色。例如，川菜以其麻辣鲜香而闻名于世，这与四川盆地湿热的气候密切相关。辣椒具有祛湿散热的作用，因此在川菜中被广泛使用，形成了独特的麻辣口味。同时，四川丰富的物产资源，如花椒、郫县豆瓣等调味品，为川菜的制作提供了得天独厚的条件。又如，粤菜注重食材的新鲜和清淡的口味，这与广东沿海地区的气候温和、物产丰富有关。粤菜擅长利用海鲜、禽类等食材，通过清蒸、白灼等烹饪方法，最大程度地保留食材的原汁原味。地域性不仅体现在食材的选择和口味的偏好上，还体现在烹饪技艺和饮食习俗上，形成了各具特色的地域风味。

3. 艺术性

中国名菜的艺术性体现在色、香、味、形、器等多方面的审美追求上。在色彩搭配上，名菜注重运用不同食材的天然色泽，通过巧妙的组合和烹饪技法，使菜品呈现出鲜艳亮丽、和谐悦目的视觉效果。如"绣球干贝"，这是一道源自山东风味的名贵海鲜菜品，其制作过程非常讲究，包括干贝经处理后与虾肉、鸡脯肉和猪肥膘混合制作丸子，以及后续的蒸制和勾芡等。而最后的成菜造型更是一绝，精心制作的干贝丝包裹着丸子，纹理丰富、形象逼真，如同舞龙时用的绣球，绚丽多姿，寓意吉祥如意、团圆和美。在器皿选择上，注重与菜品的风格相匹配，选用精美的餐具或是技艺精湛的雕刻瓜盅、果盅，再加上多姿多彩的盘饰点缀，不仅能够衬托出菜品的美感，还能提升用餐的氛围和体验。

4. 技艺性

中国名菜的技艺性是其核心竞争力所在。从食材的选料、切割、腌制到烹饪过程中的火候控制、调味技巧等，都需要厨师具备高超的专业技能和丰富的实践经验。以"松鼠鳜鱼"为例，其制作过程复杂且精细。首先，在选料上，要挑选肉质细嫩、体型适中的鲜活鳜鱼。其次，进行精细的刀工处理，将鱼肉剞上十字花刀，深度要刚好达到鱼骨而不断，这就要求厨师对力度和角度要有极精准的把控，以确保鱼肉在油炸后能卷曲成松鼠般的形态。再次，在腌制时，要根据鱼肉的质地和菜品要求，精确调配盐、绍酒、姜汁等腌料的比例并把控腌制时间，使鱼肉充分入味且保持质地鲜嫩。然后，在油炸时，将油温控制在约七成热时下鱼形成，使鱼肉迅速成形、色泽金黄且外酥里嫩。最后，通过糖醋汁的浇淋，成菜形似松鼠，栩栩如生，金黄的鱼肉与红亮的芡汁相映成趣。

01 第一章 CHAPTER
山东风味菜

第一节 山东风味菜概述

山东风味菜，也称鲁菜，诞生于齐鲁大地。齐鲁大地依山傍海，物产丰富，为鲁菜的形成与发展提供了良好的条件。鲁菜的影响遍及黄河中下游及其以北的广大地区，是我国覆盖面最广的地方风味流派之一。

一、山东风味菜的形成与发展

山东作为中华饮食文明的重要发源地之一，其饮食文化可追溯至新石器时代。一些考古发现表明，大汶口文化遗址出土的灰陶鼎、龙山文化遗址出土的蛋壳黑陶高柄杯等器具，印证了当地先民已掌握制陶烹煮技术。这些器皿兼具实用性与艺术性，展现了原始烹饪器具的精湛工艺。

至夏商时期，青铜食器的出现使烹饪方式从"水煮法"向"油烹法"演进，为后续烹饪技艺发展奠定物质基础。春秋战国时期，齐鲁大地孕育了系统的饮食理论体系。孔子提出"食不厌精，脍不厌细"的烹饪原则，强调"八不食"的饮食卫生标准，这对鲁菜的发展有着重要的影响。同时期，专业烹饪人才开始涌现，齐国易牙首先运用调和之事操作烹饪，鲁国俞儿精于食材鉴别，标志着烹饪技艺向专业化发展。此时形成的"调和致中"哲学思想，成为鲁菜菜系的核心文化基因之一。

北魏末期贾思勰《齐民要术》记录了以鲁菜为主体的北方菜肴达百种，对烹饪原料的选择、刀工、火候、调味等方面的技术要求加以论述，记载了烧、烤、蒸、炒、炖、煎、炸、糟、腊等烹调方法，所用调味料有盐、醋、酒、葱、姜、蒜、橘皮等。由此可见，南北朝时期的山东地区，烹饪理论和技艺都达到了相当高的水平，并对后世的烹饪产生了极大的影响。

唐宋时期，随着运河漕运发展，山东与江南、西北等地的食材与烹饪技艺交流频繁。尤其两宋时期，汴京（开封）和临安（杭州）的"北食"，都是鲁菜的代称。

明清时期鲁菜形成三大技术流派：济南菜善用清汤、奶汤，代表菜"九转大肠"体现火候精髓；胶东菜精于海鲜烹制，"葱烧海参"创制出"以陆烹海"的独特技法；孔府菜讲究"食礼相融"，"带子上朝"等官府菜蕴含礼制文化。此时山东风味菜已自成体系，影响了整个黄河流域及其以北地区。山东风味菜历经了漫长的历史发展，并经过一代又一代人的努力，以其娴熟的烹饪技艺贯通南北、誉满九州。

二、山东风味菜的特色

1. 用料广泛，选料精细

山东地处黄河下游，气候温和，胶东半岛与黄海、渤海相望，境内山川纵横、河湖交错、沃野千里，山东的海陆物产品种丰富、质量上乘。其中，山东的水产品产量位居全国前列，海味珍品较多，有鲍鱼、对虾、海参、干贝、加吉鱼等；淡水产品中著名的有黄河的刀鱼、鲤鱼，微山湖的季花鱼、螃蟹等。此外，山东的蔬菜、瓜果和粮食等品种多、产量也很高，如山东的寿光是全国著名的"蔬菜之乡"之一，一年四季都出产大棚蔬菜。丰富的物产为精细选料、烹饪佳肴提供了良好的条件。

2. 调味纯正醇浓，精于制汤

受儒家"温柔敦厚"思想与中庸之道的影响，鲁菜在调味上极重纯正醇浓，咸、鲜、酸、甜、辣各味皆有，如调制咸味时，常将盐加清水溶化后使用，也特别擅长使用甜面酱、豆瓣酱、酱油、豆豉等酱料，使咸味中带有鲜香；调制酸味时，重酸香，常常将醋、糖和香料等一同使用，使酸中有香、较为柔和；调制甜味时，重拔丝、挂霜，使甜味醇正；而对于鲜味的调制，则多用鲜汤。汤是鲜味之源，用汤调制鲜味的传统在山东由来已久。早在北魏末期时，《齐民要术》中就已经记载山东等地用汤作调味品，以增加鲜味，如清汤鲍鱼、奶汤鱼肚等。如今，精于制汤、善于用汤已成为鲁菜的重要特征，有"汤在山东"之誉。

3. 烹法讲究，注重火工

鲁菜的烹饪方法众多，常用烹饪方法达24种，除此之外，还有11种独具特色且与其他地方风味流派存在明显差异的烹饪技法，它们分别是酥、软炸、糟熘、酱爆、芫爆、汤爆、醋烹、㸆、拔丝、琉璃和挂霜。其中，酱爆、芫爆、汤爆等技法均归属于"爆"这一烹饪技法，是将小型食材在旺火热油中快速加热并调味，从而使菜肴迅速成形，充分展现了鲁菜在火候掌控上的高超技艺，能够在短时间内完成烹饪，最大程度保留食材的营养成分，同时使成菜最大程度地呈现出鲜嫩、香脆、清淡爽口的特点，如油爆双脆、爆鸡脏、油爆海螺等菜肴便是典型代表。

另外，鲁菜中的"㸆"法堪称一绝，与"爆"法并称为鲁菜烹饪的两大绝技。"㸆"法起源于民间，是将质地鲜嫩、口感脆爽的食材加工成特定形状，进行调味处理后，夹入馅心或粘粉挂糊，然后放入油锅中煎至双面变色，之后控出多余油分，加入适量的汤汁、调料和香料，用微火慢慢煨煮，直至汤汁收浓，使食材达到酥烂柔软的状态。成菜后，菜肴色泽金黄，味道醇厚，令人垂涎欲滴，如锅㸆肉片、锅㸆豆腐等菜肴便是通过这种独特技法烹饪而成。

4. 擅烹海鲜，精制面食

鲁菜烹饪以海鲜烹制与面食制作技艺见长。在海鲜烹制方面，胶东沿海的比目鱼经剞花刀、片双飞、剁鱼蓉等技法处理，可制成"醋椒鱼片""糟熘鱼卷""鱼丸汤"

等多道菜品,以单鱼成席,彰显刀工与火候的极致配合。典型海鲜名馔中,"油爆双花"以旺火速成保持鲜鱿脆嫩,"原壳鲍鱼"通过奶汤煨制凸显原汁鲜味。而无论是小麦、玉米、红薯等,还是黄豆、小米等,经过一番加工制作,可以成为风味各异的面食,如高桩馒头、硬面馒头、福山拉面、周村烧饼、山东煎饼等都是驰名海内外的面点食品。

三、山东风味菜的组成及代表品种

山东风味菜主要由济南菜、胶东菜和相对独立的孔府菜三部分组成。

1. 济南菜

济南菜,指流传于济南、德州、泰安一带的菜肴,为山东内陆地区菜肴的代表,取材广泛,烹饪方法采用爆、炒、炸、烧、扒、熠等,菜肴具有清、鲜、脆、嫩等特点,素有"一菜一味,百菜不重"的盛誉。济南菜尤其以制汤见长,尤其注重用汤调味,清汤、奶汤的熬制及使用都有严格的规定。清汤鲜美、清澈透明;奶汤色白而味鲜醇。济南菜的代表品种有糖醋黄河鲤鱼、油爆双脆、九转大肠、锅烧肘子、双色鱿鱼、鱼米油菜心、扒二白、锅熠豆腐、琉璃苹果等。

2. 胶东菜

胶东菜,是指流传于青岛、烟台、威海一带的菜肴。俗话说:"靠海吃海",胶东菜以烹制海鲜见长,尤其是对海珍品和小海味的烹制堪称一绝。烹饪方法多用蒸、煮、扒、炒、熘等,菜肴讲究鲜活清淡,口味以鲜嫩为主,注重本味。此外,胶东菜讲究花色丰富,造型美观。其代表品种有油焖大虾、盐水大虾、葱烧海参、油爆海螺、雪丽大蟹、原壳鲍鱼、四味大虾等。

3. 孔府菜

孔府菜源于山东曲阜孔氏家族,历史悠久,是孔子后裔及其家族的日常饮食与宴客菜肴,由家常菜和筵席菜两部分组成。家常菜是府内日常饮食的菜肴,由内厨负责烹制,注重营养、讲究时鲜,技法多而巧,并具有浓厚的乡土气息。筵席菜是为前来孔府祭孔和拜访的名门贵族举办各种宴请活动的菜肴,由外厨负责烹制,有严格的等级差别,名目繁多、豪华奢侈、讲究排场、注重礼仪。其代表菜品有诗礼银杏、当朝一品锅、带子上朝等。改革开放以后,通过对孔府文化的挖掘整理,许多孔府菜点得以重现,并迅速在市场传播。由此,孔府菜逐步成为鲁菜重要的组成部分之一。

第二节 山东风味名菜制作

葱烧海参

一、菜品介绍

葱烧海参是山东省胶东地区（特别是烟台、青岛等地）的一道特色名菜，被认为是鲁菜的代表菜之一。这道菜以水发海参和大葱为主要原料，海参的口感清鲜、柔软香滑，大葱则提供浓郁的香味。针对海参本味浓重的特点，采取了"以浓攻浓"的做法，以浓汁、浓味入其里，浓色表其外，使得整道菜品既美味又营养。2018年，葱烧海参在"中国菜"官方评选中被评为"山东十大经典名菜"之一。

二、学习目的

（1）熟悉海参的涨发及加工方法。

（2）掌握葱烧海参的制作流程和风味特色。

三、成品标准

（1）味感特征　葱烧海参的味道应鲜美且浓郁，海参的鲜味应与葱的香气完美融合。海参带有突出的葱油香味和姜汁香味；而葱油则应颜色透亮、香味浓郁、入口柔滑、味道醇厚；汤汁部分则应浓而不腻。海参鲜咸软糯，整体口感丰富，令人食欲大增。

（2）质感特征　海参应柔软细嫩、滑爽利口，既有弹性又不失嫩滑。大葱的质感则应保持清脆，与海参的口感形成对比，使得整道菜品口感层次丰富。

（3）成色要求　葱烧海参的成色应红润美观，海参呈现红褐油亮的色泽，大葱则呈金黄色。菜品整体应外形整齐大方，芡汁明亮饱满，盘饰精美，给人视觉上的享受。

四、原料组成

（1）主料　海参500克，大葱100克。

（2）辅料　姜20克，蒜10克。

（3）调料　盐6克，白糖15克，酱油20克，绍酒20克，味精4克，湿淀粉50克，高汤500克，猪油150克。

五、制作工艺

初加工 — 炒制 — 调味 — 烹煮 — 勾芡 — 装盘成菜

六、制作步骤

（1）将海参提前泡发，并清洗干净，切成5厘米长的条；将大葱洗净，切成5厘米长的段状；姜、蒜切成末。

（2）在热锅中倒入适量的猪油，待油热后放入大葱段，用中小火翻炒至大葱略微变软并散发出香味即为煳葱油。

（3）锅中留油将姜末、蒜末爆香，将切好的海参条放入锅中，与大葱段一起翻炒均匀，确保海参条均匀受热。

（4）加入盐、白糖、酱油和绍酒，继续翻炒均匀，让海参条充分吸收调料的味道。

（5）倒入适量的高汤，确保海参条被液体覆盖。然后盖上锅盖，用中小火慢慢烹煮，让海参条充分吸收汤汁的味道，直至海参变得软糯入味。

（6）当海参条烹煮至入味后，打开锅盖，用适量的湿淀粉勾芡。一边倒湿淀粉，一边搅拌，直至汤汁变得浓稠，且能均匀裹在海参条和大葱段上。再加入味精，翻炒均匀。

（7）将烧好的葱烧海参盛出装盘。

七、制作关键点

（1）海参的处理、煳葱油的制作、芡汁的勾兑。

（2）烹调方法不当会导致海参口感不佳。

（3）煳葱油味道不醇厚，芡汁过稀或过稠。

（4）成品效果和装盘方式。

八、课后讨论
(1)海参的处理技巧。海参涨发的工艺流程、时间、水温和程度。
(2)糊葱油的制作心得。大葱应该如何选择?糊葱油炼制的温度和时间。
(3)芡汁的勾兑与调味。
(4)创新尝试与口味改良。

九、品种拓展
改变主料为蹄筋制作一道"葱烧蹄筋";改变烹饪方法如"干烧";改变味型如鱼香味、豆瓣味。

原壳鲍鱼

一、菜品介绍

原壳鲍鱼是山东省烟台市和青岛市的一道特色名菜,也是胶东菜中的经典之作。这道菜以带壳鲜鲍鱼为主要原料精心烹制而成。原壳鲍鱼不仅肉质细嫩、味道鲜美,而且保持了鲍鱼的原形,独具一格,营养丰富,深受食客喜爱。鲍鱼的食用历史悠久,已有2000余年的历史,自古即被视为珍馐佳肴。在其制作过程中,鲍鱼壳的处理也极为讲究,需用碱液刷洗干净,再入沸水煮,以确保其清洁并带有一定的光泽。鲍鱼肉则经过精细的切割和处理,再与其他食材一同烹制,最终呈现出一道色香味俱佳的美食。

二、学习目的

(1)掌握鲁菜海鲜菜肴制作的精髓。
(2)掌握鲍鱼的制作流程和风味特色。

三、成品标准

(1)味感特征 醇厚鲜美,酱味浓郁。
(2)质感特征 肉质鲜嫩滑爽,紧实富有弹性。
(3)成色要求 鲜艳且有光泽,肉呈米黄色或浅棕色。

四、原料组成

(1)主料 带壳鲜鲍鱼400克。
(2)辅料 鱼肉100克,水发冬菇75克,罐装冬笋75克,熟豌豆50克,鸡蛋50克,火腿10克。
(3)调料 盐5克,绍酒3克,味精4克,淀粉20克,高汤500克,葱油20克,姜汁4克,葱末5克,姜末5克。

五、制作工艺

初加工 — 调味 — 烹煮 — 勾芡 — 装盘成菜

六、制作步骤

（1）用刷子将鲍鱼壳刷洗干净，然后将鲍鱼肉从壳中取出，去除肠肚，用清水冲洗干净。也可以加入盐和醋搓洗鲍鱼，以去除黏液。清洗完毕后，再将鲍鱼壳上锅蒸3分钟取出备用。

（2）将火腿、冬菇和冬笋切成长2厘米、宽1厘米、厚0.2厘米的片状；将鱼肉制成蓉，放入碗中后加入由适量淀粉和水混合好的湿淀粉、绍酒、盐、蛋清、葱末、姜末搅拌均匀后放入鲍鱼壳里，上锅蒸5分钟后取出。

（3）将清洗干净的鲍鱼肉剞上十字花刀，再将每个鲍鱼肉切成4块。

（4）将高汤烧至90℃，放入鲍鱼块氽一下，然后捞出放入鲍鱼壳内。

（5）在高汤中加入火腿片、冬菇片、冬笋片、熟豌豆、姜汁、绍酒、味精和盐，烧开后撇去浮沫。将淀粉用适量清水调稀，制成湿淀粉勾芡，使汤汁更浓稠，再淋上葱油。

（6）将装有鱼蓉和鲍鱼块的鲍鱼壳沿盘形整齐摆好，汤料单独盛入小碟中随盘上桌。

七、制作关键点

（1）鲍鱼的选择与处理。

（2）火候控制。

（3）调料搭配与使用。

（4）原料清洗与烹饪前处理。

八、课后讨论

（1）鲍鱼选材与品质是如何受品种、新鲜度、加工方式及产地等因素影响的？

（2）火候与烹饪技巧。

（3）调料搭配与口味创新。

（4）菜品呈现与摆盘艺术。鲍鱼作为高端食材，其成品的呈现应兼顾视觉美感与食用体验。

九、品种拓展

使用蛏子、象拔蚌等为主料制作原壳蛏子、原壳象拔蚌等菜肴。

油爆海螺

一、菜品介绍

油爆海螺是一道色香味俱佳的传统名菜,源自山东省烟台市。明清年间,它已是登州、福山一带流行的海味菜肴。这道菜的特色在于其独特的烹饪方式——油爆,这种烹饪方法使得海螺保持了鲜嫩的口感,最大程度保留了本身的营养。

二、学习目的

(1)掌握鲁菜中海鲜食材的特征和烹饪的精髓。
(2)掌握海螺的加工烹饪技术和风味特色。

三、成品标准

(1)味感特征　鲜香浓郁,回味悠长。
(2)质感特征　外脆里嫩,嫩滑多汁。
(3)成色要求　色泽金黄诱人。

四、原料组成

(1)主料　鲜海螺肉250克。
(2)辅料　黄瓜30克,胡萝卜20克,葱20克,蒜10克,水发木耳15克。
(3)调料　熟猪油50克,醋25克,绍酒15克,盐4克,胡椒粉1克,味精3克,湿淀粉25克。

五、制作工艺

初加工 — 炒制 — 调味 — 烹煮 — 勾芡 — 装盘成菜

六、制作步骤

(1)将鲜海螺肉用适量盐和醋搓洗,以去除黏液和杂质,然后用清水冲洗干净。

接着,将海螺肉切成薄片,用开水迅速烫过,捞出后控干水分备用。

(2)将黄瓜、胡萝卜分别切成菱形片;葱切成末,蒜切成片。将木耳和胡萝卜片分别用开水焯一下,备用。

(3)在碗中加入绍酒、盐、味精、胡椒粉、清水和湿淀粉,搅拌均匀,制成碗汁。

(4)锅中倒入熟猪油,加热至七八成热。然后放入处理好的海螺片,快速翻炒至变色。加入切好的葱末、蒜片炒香后,加入辅料,继续翻炒。

(5)当海螺肉片和辅料炒至七八成熟时,倒入之前调好的碗汁,迅速翻炒均匀。最后,当海螺肉片完全熟透,且汤汁浓稠适中时,即可出锅装盘。注意在装盘时保持成品整体整洁和美观。

七、制作关键点

(1)原料选择与处理。

(2)火候控制。

(3)调料搭配与使用。

(4)控油与摆盘。

八、课后讨论

(1)海螺肉是海鲜中的上等食材,口感脆嫩、味道鲜美,常用于制作刺身、爆炒、汤品等菜肴。其品质是如何受品种、新鲜度、加工方式、产地等因素影响的?

(2)火候与烹饪技巧。

(3)调料搭配与口味创新。

(4)菜品呈现与摆盘艺术。

九、品种拓展

选用其他海螺品种,如象拔蚌,或者使用同样脆嫩的毛肚制作油爆象拔蚌或油爆毛肚等。

绣球干贝

一、菜品介绍

绣球干贝是山东博兴地区传统的名菜之一,属于海鲜类菜肴,因其形象酷似绣球,色彩鲜艳,绚丽多彩,故而得名。此菜口感嫩爽多汁,鲜而不腻,甘美滑润,深受食客喜爱。绣球干贝不仅美味可口,而且营养丰富。干贝富含蛋白质,是一种高蛋白、低脂肪的美味食品。这道菜品的制作精细,需要掌握火候和调料的搭配,以呈现出最佳的口感和味道。无论是家庭聚餐还是正式筵宴,绣球干贝都是一道备受欢迎的佳肴。

二、学习目的

(1)熟悉干贝的加工方法。
(2)掌握绣球干贝的制作流程和风味特色。

三、成品标准

(1)味感特征　鲜香浓郁,层次丰富。
(2)质感特征　口感细腻。
(3)成色要求　色彩鲜艳、绚丽多彩。

四、原料组成

(1)主料　干贝100克,鸡脯肉200克,肥猪肉100克。
(2)辅料　冬笋25克,火腿15克,鲜香菇50克,白菜心40克,鸡蛋清50克。
(3)调料　盐4克,味精3克,清汤300克,湿淀粉5克,芝麻油4克,绍酒10克。

五、制作工艺

初加工 — 炒制 — 调味 — 烹煮 — 勾芡 — 装盘成菜

六、制作步骤

(1)将干贝去筋,用水洗净后,放入凉水中浸泡约1小时。涨发后,洗去细沙,放在碗内，加入清汤（以没过干贝为度）用旺火蒸30分钟取出。凉凉后，将干贝搓散成丝。

（2）将冬笋、香菇、火腿切细丝后，用沸水氽透后与干贝丝拌在一起。鸡脯肉去除筋膜，剁成泥。将肥猪肉切成细粒。将鸡肉泥、猪肉粒、鸡蛋清、清汤、盐、绍酒、芝麻油搅拌成馅。

（3）将调好的馅用手搓成丸子形状，放在拌好的干贝丝上滚粘均匀，呈绣球状。

（4）将绣球干贝坯放入蒸锅中，用旺火蒸7分钟取出，沥净汤汁。

（5）锅内加入清汤、盐、绍酒、味精，用湿淀粉勾芡，浇在绣球干贝上。

（6）将白菜心洗净控去水分，用旺火将其煸熟，用盐、绍酒、味精调味后盛出，摆在绣球干贝的四周。最后，淋上芝麻油即成。

七、制作关键点
（1）原料选择与处理。
（2）馅料调制。
（3）绣球形状制作。
（4）火候控制。

八、课后讨论
（1）原料处理技巧。
（2）馅料调制心得。
（3）绣球形状制作经验。
（4）不同地区对此菜的做法略有差异，但核心在于干贝丝的包裹手法和蒸制时的火候控制策略。

九、品种拓展
可变化主料品种，如使用鱼肉、虾肉；可变化配料，如加入荸荠增加脆感，搭配胡萝卜、白萝卜、莴笋球等，使成品色彩更丰富；或可改变菜肴造型，让菜肴以不同的形态呈现。

糖醋黄河鲤鱼

一、菜品介绍

糖醋黄河鲤鱼将鲁菜的精细工艺与黄河鲤鱼的鲜美相融合，兼具视觉与味觉享受，也是山东风味菜的经典代表之一。其制作关键在于刀工技法、炸制火候及糖醋汁调制比例。鲤鱼，因鳞有十字纹理，故得"鲤"名，其肉质细嫩，肥腴鲜美。《诗经》中有："岂其食鱼，必河之鲤。"糖醋黄河鲤鱼是济南历史悠久的传统佳肴，为汇泉楼饭店之名菜。汇泉楼饭庄是济南百年老店，坐落在济南天镜泉风景区，南临趵突泉，北依大明湖。该店的糖醋黄河鲤鱼，早在20世纪30年代就已誉满泉城。当时店内设有一鱼池，鲤鱼放养于其中，顾客立于池边，指鱼定菜，厨师随即烹饪，从速上席，落桌后尚发出吱吱的响声，颇有一番雅趣。糖醋黄河鲤鱼在造型上别具一格，鲤鱼的头尾上翘，鱼身似弯弓形，整个鱼的形态呈跃龙门之势。在中国民俗文化中，"鲤鱼跃龙门"这一带有神话色彩的说法体现了中国古代劳动人民对美好生活的愿景和向往。因此，糖醋黄河鲤鱼这道菜的造型，具有很浓烈的文化韵味。

二、学习目的

（1）掌握烹制鲤鱼造型的操作方法。
（2）熟悉糖醋味的应用、炸的基本技法以及菜肴的质感判别。

三、成品标准

（1）味感特征　咸、甜、酸兼备。
（2）质感特征　外酥内嫩。
（3）成色要求　色如琥珀，诱人食欲。

四、原料组成

（1）主料　黄河鲤鱼一条（约750克）。
（2）调料　盐3克，绍酒8克，姜末2克，葱末4克，蒜末6克，酱油10克，白糖200克，醋100克，芝麻油5克，湿淀粉150克，色拉油1500克（实耗约120克），清汤300克。

五、制作工艺

初加工 — 刀工处理 — 油炸 — 烹制 — 调味 — 装盘成菜

六、制作步骤

（1）将鲤鱼刮鳞后去除鳃和内脏，用清水洗干净。在鱼的两侧每隔2.5厘米处剞百叶花刀，提起鱼尾使刀口张开，将盐撒在刀口上，并抹上绍酒腌制入味。

（2）锅中放入色拉油，中火加热至油温为160℃时，将已经在鱼身和刀口处涂抹了一层湿淀粉的鲤鱼下入油锅中（手提其尾），用手勺将鱼推至锅边，使之呈弓形，继续加热至鱼全部呈金黄色时，捞出沥净油，鱼的头尾朝上摆入盘中。

（3）将炒锅置火上，倒入100克色拉油烧至140℃，将姜末、葱末、蒜末炸出香味，随即烹入醋，再加入清汤、白糖、酱油，旺火烧开用湿淀粉勾芡，待芡汁糊化后淋上芝麻油即为糖醋汁。将制成的糖醋汁浇在鱼上即可。

七、制作关键点

（1）挂糊的动作、油炸的动作、翻锅的动作、菜肴出锅的动作。

（2）油炸的火候。

（3）调味品的投放：咸味稍淡，突出甜酸。
（4）成品效果和装盘方式。

八、课后讨论

（1）将鱼身炸至金黄色，头尾翘起，宛如"跃龙门"，寓意吉祥。探讨鲤鱼的自然形态对菜肴成形的影响。

（2）火候与菜肴成形的关系。

（3）分析说明火候与菜肴口感的关系。

九、品种拓展

可变化主料品种，如使用鳜鱼；或可改变菜肴造型，让鲤鱼以不同的形态呈现，如制作"鲤鱼焙面"，搭配炸龙须面，蘸汁食用。

九转大肠

一、菜品介绍

九转大肠是山东地区的传统名菜之一,相传始创于清朝光绪年间,做工复杂,集焯、煮、炸、烧等烹调方法于一体。九转大肠味感层次非常丰富,有咸、甜、酸、辣、麻、鲜、香、苦等。相传,一次九华楼饭庄宴请宾客,当一道"烧大肠"落桌,众宾客争先品尝,大感惊讶,世上竟有如此美味,于是纷纷称道:有人说此菜的特点是甜;有客人说此菜的特点是辣;有的说它的特点是酸;还有的说它的特点是麻,正在争论得难解难分之际,一位客人猛然道:"道家善炼丹,有'九转仙丹'之名,食此佳肴,可与仙丹媲美,就叫'九转大肠'吧!"于是,这道烧大肠就改名为九转大肠,自此声名远扬。

二、学习目的

(1)熟悉大肠的加工方法。

(2)掌握九转大肠的制作流程和风味特色。

三、成品标准

(1)味感特征　咸、甜、酸、辣、麻、鲜、香、苦皆具之。

(2)质感特征　大肠软烂,肥而不腻;西蓝花脆嫩。

(3)成色要求　色泽为枣红、翠绿相衬。

四、原料组成

(1)主料　猪大肠700克。

(2)辅料　西蓝花50克,猪油750克(约耗80克),高汤150克。

(3)调料　姜末3克,葱末5克,蒜末5克,香菜段5克,盐4克,白糖100克,胡椒粉1克,肉桂粉0.5克,砂仁粉0.5克,花椒粉1克,绍酒10克,酱油20克,醋50克,芝麻油5克。

五、制作工艺

初加工 — 刀工处理 — 焯水 — 油炸 — 烹制 — 调味 — 装盘成菜

六、制作步骤

（1）将西蓝花、猪大肠用清水洗净。

（2）在锅中放清水和猪大肠，旺火烧沸，打去浮沫，捞出大肠后用水洗净。锅洗净后，放清水、猪大肠，加热至大肠炝软，捞出大肠放入清水中冷却。

（3）将猪大肠横切成2.4厘米长的段。

（4）在锅中放入猪油加热至160℃，投入大肠，炸至色呈金黄时捞出。另起锅放入猪油20克、白糖，中火加热至糖液呈棕红色时，投入炸好的大肠略炒，下姜末、葱末、蒜末，出香味后烹入醋、酱油，加入高汤、绍酒、盐，旺火烧开后，转小火继续加热直至汤汁将干，加入胡椒粉、肉桂粉、砂仁粉、花椒粉，加入芝麻油和匀起勺装入盘子的中央，并撒上香菜段。

（5）在锅中放入清水，加热至沸腾，下入西蓝花焯至断生捞出，摆放在大肠的边缘即可。

七、制作关键点

（1）油炸的动作、翻锅的动作、菜肴出锅的动作。

（2）阶段火候需注意大肠要煮炝，而西蓝花焯水只需断生。

（3）调味品分两次投放。

（4）成品效果和装盘方式。

八、课后讨论

（1）九转大肠的由来是什么？

（2）山东养猪的历史有据可考，距今大约有多少年？

（3）山东人用猪内脏做菜，可谓花样百出，请列举出三道这样的菜肴，并分析说明各有什么风味特点？

九、品种拓展

改变主要原料为羊肠制作出一道九转羊肠。或改变制作技法：传统做法强调"肠套肠"技法，使口感更丰富；现代简化版则使用熟大肠，减少前期处理时间。或改变味型，如加入番茄酱或辣椒，适应不同口味。

火爆燎肉

一、菜品介绍

火爆燎肉是一道具有浓郁烟熏燎香风味的传统名菜,源自山东济南。这道菜以其独特的烹饪方式和迷人的风味吸引了无数食客。通过燎炒的急速煸炒方法,肉片在热油中迅速熟透,表面呈现出一种微焦的状态,散发出诱人的香味。这种燎炒的方式使得肉片既保持了嫩滑的口感,又带有一种独特的燎糊香味,让人回味无穷。在操作过程中,火焰熊熊、油烟滚滚的场景令人叹为观止,充分展示了鲁菜厨师的高超技艺和烹饪智慧。

二、学习目的

(1)熟悉燎炒的烹调技法。
(2)掌握火爆燎肉的制作流程和风味特色。

三、成品标准

(1)味感特征　火爆燎肉应呈现出浓郁的烟熏燎香,以及猪臀尖肉本身的鲜美。每一口都能品尝到甜、咸、鲜、焦香等丰富的口味特点,且无异味。

(2)质感特征　火爆燎肉要求肉质鲜嫩多汁,吃起来既有嚼劲又不失滑嫩,同时又不会过于油腻或干燥。

(3)成色要求　火爆燎肉应具有诱人的色泽。肉片表面呈现出金黄微焦的颜色,与洁白的葱丝和褐色甜面酱形成鲜明的对比,令人食欲大增。此外,整个菜肴的装盘也应美观大方,色彩搭配和谐,符合成品本身应具有的色泽特点。

四、原料组成

(1)主料　猪臀尖肉400克。
(2)辅料　绍酒10克,花生油125克。
(3)调料　甜面酱30克,酱油20克,芝麻油10克,葱白20克,姜10克,蒜10克。

五、制作工艺

初加工 — 炒制 — 调味 — 烹煮 — 勾芡 — 装盘成菜

六、制作步骤

（1）将猪臀尖肉洗净，切成长约4.5厘米、宽约2.5厘米、厚约0.2厘米的片。

（2）将葱白、姜切成丝，蒜切成片。

（3）将切好的一半葱丝和所有姜丝、蒜片与酱油、绍酒、芝麻油、甜面酱一起放入肉片中，搅拌均匀后，腌制约10分钟，使肉片充分吸收调料的味道。

（4）在炒锅内放入适量的花生油，用旺火烧至十成热。此时，将腌制好的肉片迅速倒入炒锅中。由于油温极高，火苗会沿锅边直蹿而上，引燃锅里的油，形成火爆的效果。在火焰中，用手勺急速拨搅肉片，同时颠翻炒铗，使肉片在火势熊熊的沸油中半燎半炒约1分钟。这个过程中，需要特别注意火候的控制，以免炒焦。

（5）将炒好的肉片盛入盘内，上桌时随带剩余葱白丝和甜面酱，以供食用时佐餐。

七、制作关键点

（1）原料处理与腌制。

（2）火候掌握。

（3）翻炒技巧。

（4）调料使用。

八、课后讨论

（1）原料处理技巧。

（2）火候与翻炒技巧。

（3）调料搭配与使用。

（4）创新尝试。

九、品种拓展

可以改变主料的品种，如使用羊肉或者牛肉。

锅熘鱼盒

一、菜品介绍

锅熘鱼盒以偏口鱼肉为主料,将鱼肉、猪肉巧妙配合,鱼肉在外、猪肉在内,制成盒状,然后挂蛋黄糊用油煎至两面金黄,再浇以汤汁熘煎,成菜馥郁鲜嫩,软滑滋润,金黄多汁,食之回味无穷,给筵宴增加欢快情趣。

二、学习目的

(1)熟悉偏口鱼的原料学特征。

(2)掌握锅熘技法;熟悉蛋黄糊的调制;认识鱼类菜肴造型特征。

三、成品标准

(1)味感特征　咸鲜醇厚。

(2)质感特征　馥郁鲜嫩,软滑滋润。

(3)成色要求　金黄与翠绿相衬。

四、原料组成

(1)主料　偏口鱼肉250克。

(2)辅料　猪肉馅100克。

(3)调料　葱末4克,姜末4克,淀粉30克,鸡蛋黄3个,清汤75克,绍酒3克,盐5克,香菜段5克,芝麻油2克,花生油75克。

五、制作工艺

初加工 — 码味 — 煎制 — 收汁调味 — 装盘成菜

六、制作步骤

(1)将偏口鱼肉洗净,片成长2.5厘米、宽1.5厘米的片。在猪肉馅中加入4克盐、芝麻油1克搅拌均匀。在两片鱼肉中间夹上肉馅，制成盒形。在鸡蛋黄中加入淀粉搅匀成蛋黄糊，备用。

（2）炒锅内加入50克花生油，在中火上烧至五成热时，将鱼盒裹匀蛋黄糊下锅，煎至两面呈金黄色时，倒出，控净油。

（3）锅洗净后加25克花生油，中火烧至五六成热时，用葱末、姜末爆锅，烹入绍酒，再加入清汤、1克盐，将鱼盒倒入锅内以旺火烧干，再用小火塌至嫩熟。待汁稠浓将尽时，撒上香菜段，淋上芝麻油，推入盘内即成。

七、制作关键点
（1）挂糊的技巧、锅塌的技巧。
（2）蛋黄糊的稠稀适宜。
（3）刀工。

八、课后讨论
（1）在加热的过程中，火候如何控制？
（2）是否可以将鱼先炸后再进行塌制？

九、品种拓展
可将味型改变为家常味或将主料变成鲤鱼或草鱼等制作"家常鱼盒""锅塌鲤鱼盒"等。

醋椒鳜鱼

一、菜品介绍

醋椒鳜鱼是一道经典的鲁菜，融合了鲁菜的精细烹饪与北方饮食的酸辣风味，以其酸辣开胃、鱼肉鲜嫩、汤浓味鲜而闻名。这道菜选用鳜鱼为主料，搭配醋、胡椒等调料，口感层次丰富，兼具滋补功效。其制作关键在于鱼的处理、胡椒与醋的搭配，以及火候的精准控制。

醋椒鱼最早源于山东济南，初用黄河鲤鱼烹制，后改用其他鱼种。清代中期，随着山东厨师进京，此菜在北京流行，改用鳜鱼，并逐渐演变为"醋椒鳜鱼"，成为鲁菜和京菜的代表。

二、学习目的

（1）熟悉鳜鱼的原料特征。

（2）掌握山东醋椒的应用、煮的基本技法以及菜肴的质感辨别。

三、成品标准

（1）味感特征　味感酸、辣、咸、鲜，醋香扑鼻，香菜气味浓郁，滋味醇厚。

（2）质感特征　鳜鱼肉质细嫩。

（3）成色要求　汤色浅黄，香菜的翠绿点缀其间。

四、原料组成

（1）主料　鳜鱼一条（约750克）。

（2）辅料　熟猪油30克，火腿10克，水发冬菇片20克，水发玉兰片20克，菜心15克，高汤1000克。

（3）调料　姜片8克，葱丝10克，葱段10克，香菜段10克，花椒10粒，盐6克，白胡椒粉5克，绍酒15克，醋40克，芝麻油5克。

五、制作工艺

初加工 — 刀工处理 — 烹制 — 调味 — 装盘成菜

六、制作步骤

（1）将鳜鱼刮鳞去鳃，放开水中略烫，再放入凉水中，用刀刮净鱼体表面的黑皮；开膛去内脏，用清水冲洗干净。用刀在鱼两侧每隔1.5厘米处剞上斜十字花刀，并放入开水中焯烫待用。

（2）锅内放熟猪油烧至160℃，放入姜片、葱段、花椒煸炒出香味，下入高汤、绍酒、盐、白胡椒粉、醋、火腿、水发冬菇片、水发玉兰片、菜心、鳜鱼，旺火烧沸后改用慢火加热一刻钟，去掉姜片、葱段、花椒，将鱼捞出放入汤碗中。在剩余的汤中再加入醋、白胡椒粉、葱丝、香菜段、芝麻油调好味，将汤浇在鱼上即成。

七、制作关键点

（1）初加工要到位。

（2）焯和烹煮鱼时的火候应控制好。

（3）调味品分两次投放。

（4）咸味要足够。

八、课后讨论

（1）醋椒鳜鱼的主料还可以换成哪些鱼类？

（2）能否将白胡椒粉改换成泡辣椒？

（3）为什么白胡椒粉和醋要分两次放？它们各自起何作用？

（4）鳜鱼剞刀后，入开水锅中焯烫的目的是什么？

九、品种拓展

改变主料，选用其他品种的鱼类，如鲤鱼，鲈鱼、草鱼、黄鱼等；也可调整味型，如加入番茄酱或辣椒，调整酸辣比例。

炸烹大虾

一、菜品介绍

炸烹大虾是鲁菜经典代表菜品,以对虾或明虾为主料,采用"炸烹"技法制作。该技法分为带皮与去皮两种传统处理方式,带皮制作保留虾壳以增强酥脆口感,去皮法则更易入味。核心工艺包含高温油炸与快速烹炒碗汁两个关键环节,碗汁调配需精准把控绍酒、醋、白糖比例,形成酸甜适口的鲁菜特有风味。

成菜具有外皮焦脆、肉质弹牙的特色,在山东地区传承发展中形成传统与创新并存的烹饪体系,部分改良做法融入番茄酱、柠檬等元素。

二、学习目的

(1)熟悉烹的技法。

(2)掌握烹菜的口味特点以及菜肴的质感。

三、成品标准

(1)味感特征　咸鲜,略带甜酸味。

(2)质感特征　虾肉外酥内嫩。

(3)成色要求　色泽金黄、白绿相衬。

四、原料组成

(1)主料　大虾500克。

(2)辅料　青椒20克,红辣椒10克,淀粉1000克(实耗约50克),色拉油1000克(实耗约80克)。

(3)调料　葱末8克,姜米2克,蒜蓉5克,盐2克,白糖12克,绍酒10克,醋8克,高汤20克,芝麻油10克。

五、制作工艺

初加工 — 刀工处理 — 拍粉 — 油炸 — 烹制 — 调味 — 装盘成菜

六、制作步骤

（1）大虾去壳、头和虾线，留尾备用；将青椒、红辣椒切块备用。

（2）将盐、白糖、绍酒、醋、高汤、芝麻油放入碗内，兑成碗汁。

（3）锅中加色拉油，加热至180℃，投入拍过淀粉的大虾，炸至熟透，倒入漏勺内控油。另起锅，放入色拉油40克，加热至160℃，放入姜米、葱末、蒜蓉，爆出香味，倒入青椒、红辣椒和大虾，烹上兑好的碗汁，颠翻几下装盘即成。

七、制作关键点

（1）拍粉的动作、油炸的动作、翻锅的动作、菜肴出锅的动作。

（2）阶段火候应注意炸虾时要炸至变色酥脆。

（3）碗汁的调配。

（4）成品效果和装盘方式。

八、课后讨论

（1）烹分几大类？

（2）了解炸烹的操作技艺。

（3）烹的基本味型是什么？

九、品种拓展

将主料改变成牛肉或羊肉等，制作炸烹羊片、炸烹牛柳等。

芫爆乌鱼花

一、菜品介绍

芫爆菜在鲁菜中是一个大类,但凡是嫩脆的烹饪原料,往往大都可芫爆。只要是应用芫爆的技法,香菜是必不可少的烹饪原料,它具有很特别的清香味,经常与胡椒粉和醋配合,味感十分美妙。

二、学习目的

(1)掌握芫爆方法。
(2)香菜的运用、芫爆的味型以及菜肴的质感。

三、成品标准

(1)味感特征 酸中带辣,带有香菜独特的清香味。
(2)质感特征 乌鱼肉质脆嫩。
(3)成色要求 乌鱼花洁白如玉,绿色的香菜点缀其间。

四、原料组成

(1)主料 鲜乌鱼肉250克。
(2)辅料 高汤30克,食碱2克,色拉油600克(实耗约80克)。
(3)调料 香菜段25克,姜丝8克,葱丝8克,蒜片6克,盐2克,胡椒粉1克,绍酒10克,醋20克,芝麻油5克。

五、制作工艺

初加工 — 刀工处理 — 油炸 — 烹制 — 调味 — 装盘成菜

六、制作步骤

(1)乌鱼肉去尽筋膜,剞上麦穗花刀,放入盛器中,与食碱拌匀,静置一段时间，再用清水将食碱冲洗干净。将高汤、盐放入碗内兑成碗汁。

（2）锅中放入清水烧沸，将乌鱼肉放入沸水中一烫，捞出控水。炒锅中放入色拉油，加热至160℃，将乌鱼肉放油中一促，捞出控油。

（3）另起锅，放入色拉油30克，加热至160℃，下入姜丝、葱丝、蒜片，炒出香味后烹入绍酒、醋，投入乌鱼肉、香菜段，倒入碗汁，撒上胡椒粉，淋上芝麻油装盘即成。

七、制作关键点

（1）原料初加工。

（2）火候的掌握。

（3）投放调料时要注意咸味要够，突出酸辣味。

（4）成品效果和装盘方式。

八、课后讨论

（1）为什么说芫爆的烹调方法实际上是烹？

（2）猪腰子可以采用芫爆之法吗？

九、品种拓展

将主料改变成鱿鱼制作一道芫爆鱿鱼卷。

捶烩虾片

一、菜品介绍

捶烩是一种古老的烹调方法,早在2000多年前成书的《礼记·内则》中就有其前身"捣珍"的记载:"取牛、羊、麋鹿、麇之肉,必脄,每物与牛若一,捶反侧之,去其饵,孰出之,去其皽,柔其肉。"所制之品被誉为"周代八珍"之一,是周朝御膳宫宴中的美味佳肴。流传于胶东地区各地的"捶烩菜"较完整地保留了这一古老的烹调技艺,不过在用料上已改为鸡脯肉或虾肉,制作也更为精细。中华人民共和国成立前,烟台东坡楼饭庄制作此菜最有名,曾吸引了不少文人雅士前往品味。

二、学习目的

(1)掌握捶的技术特点。

(2)了解原料被捶后质感的变化。

三、成品标准

(1)味感特征　葱香味突出。

(2)质感特征　虾肉爽滑。

(3)成色要求　红、白相衬。

四、原料组成

(1)主料　大虾250克。

(2)辅料　火腿10克,水发冬菇20克,水发玉兰片20克,菜心15克,湿淀粉15克,淀粉750克(实耗约30克),高汤250克。

(3)调料　盐4克,绍酒10克,葱油20克。

五、制作工艺

初加工 — 刀工处理 — 捶 — 烹制 — 调味 — 装盘成菜

六、制作步骤

（1）将大虾去虾线后留用虾肉；菜心用清水洗净；将火腿切成长4厘米、宽2.5厘米、厚0.2厘米的片；将玉兰片和冬菇片成薄片。

（2）将虾肉置于铺有淀粉的菜墩上，用木槌捶成厚0.15厘米的薄片。

（3）锅内放清水，加热至90℃时，下入虾片，煮熟后捞出控水。另起锅放入葱油，加热至160℃时，将玉兰片、冬菇片下锅煸炒，随即下入高汤、盐、绍酒、火腿片，烧沸后撇去浮沫，下入虾片、菜心，并用湿淀粉勾芡，盛入盘内即成。

七、制作关键点

（1）捶时力度的控制。

（2）煮的火候。

八、课后讨论

（1）哪些工具可用来捶虾肉？

（2）捶时力度与成形有什么关系？

（3）煮的火候跟质感有什么联系？

九、品种拓展

（1）将主料变成鸡肉、鱼肉、羊肉、牛肉等制成捶烩鸡片、捶烩鱼片、捶烩羊肉、捶烩牛肉等。

（2）将焯水变成滑油或油炸。

（3）将味型变成鲜辣味、家常味、鱼香味等。

四喜丸子

一、菜品介绍

四喜丸子是一道经典的中国传统名菜，属于鲁菜菜系。它的名字寓意着人生的福、禄、寿、喜四大喜事，常在喜宴、寿宴等筵宴中作为压轴菜，取其吉祥之意。四喜丸子由四个色、香、味俱佳的肉丸组成，主料为猪肉。肉丸的大小适中，外皮酥脆，内部肉质鲜嫩多汁，口感丰富。在烹饪过程中，肉丸会经过炸制和炖煮两个步骤，使其既保留了肉质的鲜美，又吸收了浓郁的汤汁，味道醇厚。此外，四喜丸子也有其独特的文化背景。在济南，有一家名为"四喜居"的老字号餐馆，其菜肴四喜丸子相传源于清朝咸丰年间，历经五代传承，已有160余年的历史。这家餐馆的四喜丸子制作技艺精湛，深受食客喜爱，成为济南的一道特色美食。

二、学习目的

（1）掌握鲁菜制作的精髓。

（2）掌握四喜丸子的制作流程和风味特色。

三、成品标准

（1）味感特征　咸甜适中，醇厚鲜美。

（2）质感特征　肉质鲜嫩，外皮酥脆，汤汁饱满。

（3）成色要求　色泽红亮，形状完整。

四、原料组成

（1）主料　猪肉（五花肉）500克。

（2）辅料　玉兰片50克，荸荠50克，水发香菇20克，火腿30克，葱5克，姜5克，鸡蛋清1个。

（3）调料　芝麻油10克，鸡精5克，绍酒20克，酱油30克，花椒油5克，盐3克，花生油500克（实耗约50克），湿淀粉20克，高汤200克。

五、制作工艺

初加工 — 调味 — 炸制 — 炖煮 — 装盘成菜

六、制作步骤

（1）将猪肉剁成猪肉馅，葱和姜切成末，荸荠、水发香菇、火腿、玉兰片切碎备用。

（2）将肉馅、葱末、姜末、荸荠碎、香菇碎、火腿碎、玉兰片碎放入一个大碗中，加入鸡蛋清、绍酒、酱油、盐、鸡精、芝麻油和花椒油，沿一个方向搅拌均匀，直至肉馅上劲。

（3）取适量调好味的肉馅，放在手心，轻轻揉成圆形丸子。确保丸子大小均匀，表面光滑。

（4）锅中倒入足够的花生油，烧至200℃，将丸子逐个放入锅中，小火炸至表面金黄酥脆。炸好后，用漏勺捞出，沥干油分。

（5）锅中留底油，加入高汤（或清水），烧开后放入炸好的丸子。加入适量酱油、绍酒、盐等调味料，小火慢炖，让丸子充分吸收汤汁的味道。

（6）汤汁浓郁时，适量加入湿淀粉勾芡，使汤汁更浓稠。

（7）将炖煮好的丸子捞出，装入盘中。浇上剩余的汤汁，也可撒上葱花或香菜作为点缀。

七、制作关键点

（1）选品与肉馅调制。

（2）火候控制。

（3）调料搭配与使用。

（4）炸制与炖煮。

八、课后讨论

（1）制作肉馅时，应选用猪哪个部位的肉？肥瘦比例应如何控制？

（2）火候与烹饪技巧。

（3）考虑调料搭配与口味创新，还可以使用哪些味型？

（4）菜品呈现与摆盘艺术。

九、品种拓展

替换主料如鱼肉，制作"四喜鱼丸"，体现独特的产地特色。

锅烧鸭子

一、菜品介绍

锅烧鸭子是鲁菜中的传统名菜之一,在山东多地均有流传。锅烧之法由来已久,最早是锅烧肉,以后逐渐变成鸡、鸭、羊、鱼等原料。凡锅烧菜,原料必须经过煮、蒸、挂糊、油炸等多道工序。锅烧菜肴在食用时常带佐料,如花椒料、老虎酱、葱段、甜面酱、萝卜条、黄瓜条、生菜等,随其所好,任意选用。

二、学习目的

(1)掌握锅烧菜肴制作工艺流程。

(2)熟悉蛋黄糊的应用、炸的基本技法以及菜肴的质感分辨。

三、成品标准

(1)味感特征　酱香、花椒香浓郁。

(2)质感特征　外酥里嫩、脆嫩爽口。

(3)成色要求　鸭子肉色泽金黄、萝卜条色泽洁白。

四、原料组成

(1)主料　白煮鸭子一只(约750克)。

(2)辅料　猪肥膘80克,鸡蛋80克,面粉25克,淀粉35克,萝卜条40克,高汤80克,色拉油1200克(实耗约100克)。

(3)调料　姜片5克,葱段20克,盐2克,绍酒20克,酱油20克,八角2克,桂皮2克,花椒1克,花椒粉2克,甜面酱40克。

五、制作工艺

初加工 — 蒸制 — 调糊 — 烹制 — 调味 — 装盘成菜

六、制作步骤

（1）将白煮鸭折掉所有骨头；将猪肥膘洗净后，片成大薄片。将处理好的鸭子放入大汤盘内，保持鸭子的原样，加高汤、盐、姜片、葱段、绍酒、酱油、花椒、八角、桂皮，然后将肥膘片放在鸭子上，放入蒸笼内加热半小时取出，挑出姜片、葱段、八角、桂皮、花椒，滗去汤汁。

（2）将面粉、淀粉、蛋液、清水放入盛器内搅匀成糊。取一只盘子，在盘内抹少许色拉油，把三分之一的面糊倒入盘中，把鸭子放在面糊上，再将剩余的面糊抹在鸭子上。

（3）锅中放色拉油，加热到160℃时，将挂糊的鸭子推入油中，炸至金黄色时捞出，控油。将鸭子改刀成长4厘米、宽2.5厘米的鸭肉条，放入盘内，配上萝卜条、甜面酱、花椒粉即可。

七、制作关键点

（1）油炸的火候。
（2）面糊调制的稠稀。
（3）成品效果和装盘方式。

八、课后讨论

（1）此菜在制作的过程中，为什么要放猪肥膘片？它对菜肴有何影响？
（2）调面糊时，面粉起什么作用？淀粉起什么作用？能否只用其中的一种原料？
（3）配上萝卜条对菜肴风味有什么影响？

九、品种拓展

将主料改变为鸡、猪肉，制作锅烧鸡、锅烧猪片。

爆炒腰花

一、菜品介绍

爆炒腰花是一道经典的鲁菜，以其肉质鲜嫩、味道醇厚、滑润不腻的特点而受到食客广泛喜爱。这道菜以猪腰为主料，经过爆炒制成，不仅口感极佳，还具有较高的营养价值。爆炒腰花的口感和味道因地域和个人口味不同而有所差异。有些地方可能会偏向甜、酸、咸或辣等不同的口味，以满足不同人群的喜好。

二、学习目的

（1）熟悉腰花加工方法。

（2）掌握爆炒腰花的制作流程和风味特色。

三、成品标准

（1）味感特征　具有浓郁的香味。

（2）质感特征　外层微酥脆，内部柔嫩多汁。

（3）成色要求　腰花应呈现出鲜艳的红色或粉红色，富有光泽。

四、原料组成

（1）主料　猪腰300克。

（2）辅料　青笋100克，泡椒50克，大葱20克，姜10克，蒜15克。

（3）调料　绍酒20克，生抽15克，老抽5克，盐5克，鸡精3克，胡椒粉2克，淀粉10克，芝麻油2克，色拉油50克。

五、制作工艺

初加工 — 炒制 — 调味 — 烹制 — 勾芡 — 装盘成菜

六、制作步骤

（1）将猪腰外部的膜撕掉，从中间片开，去除内部的白色和深红色部分。这一步非常重要，确保去除腥味来源。

（2）将处理好的猪腰剖成花刀，可以选择柳叶花刀或其他形状。剖花刀不仅使腰花看起来更美观，也能改善口感。注意每刀的间隔要均匀，深度适中，不要切断。

（3）将切好的腰花放入绍酒、盐、淀粉、生抽、老抽、适量色拉油中腌制10分钟。

（4）将青笋洗净切条；姜、蒜切成片，大葱和泡椒切成菱形段，备用。

（5）热锅凉油，先将姜片、蒜片爆香，然后放入腌制好的腰花爆炒。爆炒时要快速翻动，确保腰花均匀受热。炒至腰花变色后，捞出备用。

（6）在锅中加入适量的油，放入青笋条、泡椒段等配料翻炒至断生。

（7）将炒好的腰花重新放入锅中，与配料混合炒匀。

（8）根据个人口味，可以加入适量鸡精、胡椒粉等提味。最后淋入芝麻油，快速翻炒均匀即可出锅。

七、制作关键点
（1）原料选择与处理。
（2）腰花腌制步骤。
（3）腰花成形状态。
（4）火候控制。

八、课后讨论
（1）原料处理技巧。
（2）如何有效去除腰花的腥味？
（3）处理腰花的刀工经验。
（4）火候控制策略。

九、品种拓展
（1）可以将主料改变为猪肝、鱿鱼、脆肚等，制作爆炒猪肝、爆炒鱿鱼、爆炒脆肚等。
（2）可以改变味型，如鲜辣味、家常味、鱼香味等。

02 第二章 CHAPTER
江苏风味菜

第一节
江苏风味菜概述

江苏风味菜，也称为苏菜，具有鲜明的江南特色。江苏地处东南，气候温和，雨水充足，江湖河海纵横，物产丰富，加之交通便利，经济和文化十分发达，市场极为繁荣，使得江苏风味发展迅速，并成为中国最著名的地方风味流派之一，其影响遍及长江中下游广大地区。

一、江苏风味菜的形成和发展

江苏风味源远流长，上古时，彭铿善于制作的"雉羹"是古代典籍中记载的最早江苏菜肴。春秋战国时期，江苏菜有了较大发展，出现了全鱼炙、臑胹、吴羹等名菜。汉魏南北朝时期，江苏的面食、素食和腌菜类食物有了显著的发展。尤其在南朝时期建康厨师技艺高超，一种蔬菜可以制作几十种菜肴，并可制成多种口味。隋朝时，京杭大运河的开凿促进了扬州、镇江、淮安及苏州的经济发展，也促进了苏菜的发展，诞生了许多"东南佳味"。唐朝时，扬州已是"雄富冠天下"的一方都会，苏州繁华热闹的程度相当于半个长安，城中酒楼、饭馆、茶肆、货摊比比皆是，苏菜得到了更大的发展。到了宋代，大批中原士族南迁，苏菜因此发生变化，将中原风味融于其中，并开始侧重甜味，出现了许多制作精美的著名菜肴。宋代陶穀《清异录》就载有缕子脍、玲珑牡丹鲊、糟蟹、建康七妙等著名馔肴，遍布江苏的扬州、镇江、南京、苏州等地。宋代浦江吴氏《中馈录》中也载有醉蟹、瓜齑、蒸鲥鱼、糟茄子等江苏名菜。其中，不少海味菜、糟醉菜被列为贡品。明代时，南京一度是全国的政治、经济、文化中心，加上中外物资交流增多，江苏的食材原料种类更加丰富，烹饪方法日趋完善，菜肴品种数以千计。到清代，江苏风味菜又出现了许多新因素，蒙食、满食进一步融入汉食，在清代中叶时苏州、扬州的市面上出现了"满汉席"，饮食市场繁荣；秦淮河上出现了船菜、船点。康熙皇帝、乾隆皇帝多次来到江南，客观上促进了江苏烹饪的发展，名馔佳肴层出不穷。如乾隆皇帝在苏州品尝的"神鱼"，流传后世并演变为"松鼠鳜鱼"。这一时期，还出现了一批在中国烹饪历史上具有重要意义的饮食烹饪著作，如《随园食单》《调鼎集》等，对推动苏菜烹饪技艺发展、扩大苏菜影响都起到了很大的作用。到了现代，苏菜进入更加繁荣与创新的时期。

二、江苏风味菜的主要特点

1. 用料广泛，选料精良

江苏东临大海，西傍洪泽，南临太湖，长江横贯于中部，运河纵横于南北，素有"鱼米之乡"之称，物产丰富。水产品众多，鱼鳖虾蟹四季可取，太湖银鱼、南通刀鱼、两淮鳝鱼、镇江鲥鱼、连云港河蟹等均为名品。优良佳蔬有太湖莼菜、淮安蒲菜、宝应藕、板栗、茭白、冬笋、荸荠等。可以说，"春有刀鲚夏有鲖鲥，秋有蟹鸭冬有野蔬"，一年四季水产禽蔬野味不断，使得苏菜用料广泛，并且特别喜用品质精良的鲜活原料。

2. 技艺丰富，精细为上

苏菜的烹饪技法丰富多样，对火候和刀工的掌控尤为精湛。在烹饪过程中，苏菜擅长运用炖、焖、煨、焐、蒸、炒、烧等多种技法，同时熟练掌握泥煨、叉烤等特色技艺。尤其是焖法，常使用专门的焖笼、焖橱来保持菜肴的原汁原味。在菜肴制作上，强调汤汁浓淡适中，达到浓而不腻、淡而不薄的效果；菜肴酥烂脱骨而不失其形，滑嫩爽脆而不失其味。苏菜还特别注重调汤，汤品或清澈见底或浓稠乳白，展现出高超的烹饪技巧。此外，苏菜还以刀工精细著称，有"刀在扬州"的美誉。无论是工艺冷盘、花色热菜，还是瓜果雕刻，都要求刀工精湛。无论是脱骨炖制还是雕镂剔透，都展现出苏菜刀工的高超技艺。

3. 调味别致，清鲜醇和

苏菜调味别致，以清鲜醇和、咸甜适宜为特色，其注重原汁原味，力求"清淡适口，醇和宜人"。常用淮北海盐、镇江香醋、太仓糟油、苏州红曲、南京头抽秋油、扬州四美三伏酱等当地名品，以及厨师精心制作的花椒盐、葱姜汁、红曲水、鸡清汤、老卤、清卤等调味品，使菜肴各具特色，充分展示江苏风味。同时，苏菜注重用糖调味，而不同地区呈现出不同的口味特点，如扬州菜淡雅，苏州菜略甜，无锡菜更甜。调味时强调保持原料的本味，力求使一物呈一味、一菜呈一格。例如大煮干丝、狮子头、气锅鸡等菜肴，都体现了这一特点。

4. 成菜精致，典雅美观

由于在刀工上追求精细，在造型上注重精致与美感，苏菜的成品往往具有形美而精巧的特点。如古代扬州的"缕子脍"，由鲫鱼肉、鲤鱼子和碧笋或菊苗制成，展现了苏菜的精细工艺；现代的三套鸭、无刺刀鱼全席、瓜雕、花色冷拼以及船菜、船点等都是苏菜的杰出代表。其中，花色冷拼通过精湛的刀工和巧妙的造型，将菜肴以精美的形式呈现于食客面前；太湖的船点更是模仿果蔬、禽畜、鸟兽、花草树木等形态，精巧逼真，令人叹为观止。

三、江苏风味菜的组成及代表品种

江苏风味菜主要由淮扬、金陵、苏锡、徐海四大地方风味菜组成。

1. 淮扬风味

淮扬风味,以扬州、淮安为中心,以大运河为主干,南至镇江,东至里下河地区及沿海南通等地。淮扬风味选料严谨,注重刀工和火候,强调本味,突出主料,色调淡雅,造型新颖,口味清鲜,咸甜适中。在烹饪方法上擅长煨、焐、炖、焖、叉烤等方法。其代表品种有清炖蟹粉狮子头、大煮干丝、三套鸭、将军过桥、炒软兜、水晶肴肉、清蒸鲥鱼、文思豆腐、文楼汤包、黄桥烧饼、三丁包子、翡翠烧卖等。

2. 金陵风味

金陵风味,主要以南京为中心。南京曾为六朝古都,又有"金陵天厨"的雅名。金陵菜原料讲究鲜活,刀工细腻,火工纯熟,菜肴滋味醇和,鸭肴久负盛名,花色菜点精巧细致。在烹饪方法上擅长焖、炖、烤等方法。其代表品种有盐水鸭、香酥鸭、黄焖鸭、松子熏肉、五柳青鱼及夫子庙小吃等。

3. 苏锡风味

苏锡风味,以苏州、无锡为中心,旁及常州、常熟、昆山等地。用料广取江河湖鲜,口味偏甜,无锡尤甚,十分注重造型美观,色调绚丽。在烹饪方法中,白汁、清炖独具一格,特别擅长制作虾蟹莼鲈菜肴以及糕团船点、茶食小吃等。其代表品种有松鼠鳜鱼、雪花蟹斗、腌笃鲜、梁溪脆鳝、酱排骨等;代表面点如苏州糕团,有玫瑰方糕、小元松糕、青团等。

4. 徐海风味

徐海风味,主要是自徐州沿东陇海线至连云港一带的地方风味。徐海风味近似于齐鲁风味,肉食五畜俱用,水产以海味取胜,以羊肉制菜远近有名。菜肴色调偏于浓重,口味以咸鲜为主。在烹饪方法上多用炸、熘、爆、炒,擅长蒸、烩、炖等技法。其代表品种有羊方藏鱼、霸王别姬、彭城鱼丸、凤尾对虾、地锅鸡、拔丝搅糕等。

第二节 江苏风味名菜制作

清炖蟹粉狮子头

一、菜品介绍

清炖蟹粉狮子头是一道淮扬名菜，相传由隋代"葵花斩肉"演变而来，已有近千年历史，因成品形态丰满，如"雄狮之首"，故名"狮子头"，为淮扬菜代表菜肴之一。传统狮子头选用"肥七瘦三"的猪肉，切成"石榴米"大小的颗粒制作而成，故有"一刀不斩狮子头"的说法，后逐渐改为细切粗斩，制成肉圆，配以蟹肉、蟹黄等，小火炖制而成，故称"清炖蟹粉狮子头"。

二、学习目的

（1）熟悉狮子头的历史、在淮扬菜中的地位、原料的选择、制作的基本流程。

（2）掌握狮子头的成形技巧，了解口感与火候之间的关系。

三、成品标准

（1）味感特征　口味咸鲜，蟹粉清香。

（2）质感特征　软糯适口，入口即化。

（3）成色要求　色泽自然，汤清味浓。

四、原料组成

（1）主料　带皮、骨猪肋条肉1000克（肥七瘦三）。

（2）配料　白菜1棵，金钩50克，螃蟹250克。

（3）调料　盐10克，葱10克，姜10克，料酒5克，淀粉10克，鸡蛋1个，味精2克，色拉油10克。

五、制作工艺

初加工 — 刀工处理 — 搅拌上劲 — 成形 — 炖煮 — 调味 — 装盘成菜

六、制作步骤

（1）将肋条肉上的皮、骨、肉分离开，将猪肉切成石榴米大小的颗粒；金钩切成末；葱取三分之一打成葱结，姜取三分之一切成片，剩下的葱、姜拍破后，一半制成葱姜水，另一半切成末；将螃蟹蒸熟，取肉，炒成蟹粉；白菜洗净，焯水待用。

（2）将炒锅上火，放入少许色拉油，放入葱末、姜末炸香，然后放入蟹粉、料酒、盐炒香，冷却待用。将猪皮切成菱形片，骨头剁成小段焯水待用。

（3）将猪肉粒、金钩末、蟹粉搅匀，放入葱姜水、盐、料酒、味精、淀粉搅拌上劲，再加入鸡蛋搅匀成蓉。

（4）在砂锅内放入骨头、猪皮片，再铺上白菜叶，加入水、料酒、葱节、姜块烧开，将猪肉蓉团成大圆子，逐个放入砂锅中；在每个狮子头上盖上白菜，盖上锅盖，用中火烧开，再转为小火炖两小时；挑去白菜叶、葱节、姜块即可。

七、制作关键点

（1）猪肉最好选择前夹肉或者五花肉，肥七瘦三的比例吃起来口感更好。

（2）肉蟹初加工时应清洁彻底。

（3）调味时要把控各种调味品的用量。

（4）狮子头下锅后，应注意火候，用中小火慢炖，火候太大会把狮子头冲散。

八、课后讨论

（1）用猪绞肉制作的狮子头和与本任务中用传统方法制作的狮子头有何区别？

（2）小火炖和蒸制有何区别？

（3）在搅拌肉蓉的过程中，各辅料、调料一次性加入和依次加入有何区别？

九、品种拓展

（1）变化配料，如选用初春的河蚌、清明前后的竹笋、夏季的面筋、冬天的风鸡、鱼肉等制作狮子头。

（2）可采用先炸再炖的方法制作红烧狮子头。

（3）可对味型进行变化，如鱼香味、家常味等。

大煮干丝

一、菜品介绍

　　大煮干丝是扬州传统名菜,以扬州豆腐方干为原料制作而成,扬州豆腐方干是扬泰地区特产的一类豆腐方干,结构紧密,韧性强,是制作大煮干丝的优质原料。清代惺庵居士在其《望江南百调》中就有对这道菜的记载:"扬州好,茶社客堪邀。加料干丝堆细缕,熟铜烟袋卧长苗,烧酒水晶肴。"百年老店富春茶社在制作此菜方面有着悠久的历史。

二、学习目的

（1）熟悉扬州豆腐方干的特点,基本制作流程。

（2）掌握扬州豆腐方干的切配刀工,制作要点。

三、成品标准

（1）味感特征　咸鲜适口,醇香浓郁。

（2）质感特征　干丝绵软;配料或爽脆,或绵密。

（3）成色要求　汤色泽乳白,配料色彩和谐。

四、原料组成

（1）主料　扬州豆腐方干500克。

（2）辅料　熟鸡脯肉50克,鲜虾仁60克,熟鸡肫30克,熟鸡肝25克,熟火腿10克,冬笋50克,豌豆苗20克。

（3）调料　盐30克,鸡汤550克,熟猪油50克。

五、制作工艺

初加工 — 刀工处理 — 焯水、浸烫 — 煮 — 调味 — 装盘成菜

六、制作步骤

（1）将豆腐方干片成厚0.15厘米的片，再切成细丝；熟鸡脯肉撕成鸡丝；熟火腿切成细丝；熟鸡肫、熟鸡肝切成片；冬笋切成细丝；鲜虾仁挑去虾线，洗净待用；豌豆苗洗净，择去老叶。

（2）将切好的豆腐干丝放入烧开的水中焯烫后，捞出沥水，再用沸水浸泡两次，去除豆腥味；将切好的笋丝焯水，待用。

（3）将炒锅置旺火上，加入猪油，放入虾仁炒至乳白色，捞出待用。锅底留油，放入干丝，再在锅边依次放入鸡汤，再将鸡丝、鸡肫片、鸡肝片、火腿丝、冬笋丝，大火烧15分钟至汤汁浓稠，加入盐调味，小火焖2分钟，放入豌豆苗，烧开后离火。

（4）将干丝盛入盘中，然后将鸡肫片、鸡肝片、冬笋、豌豆苗围在干丝的四周，放上火腿丝、虾仁即可。

七、制作关键点

（1）干丝的刀工处理。

（2）干丝的焯水。

八、课后讨论

（1）查阅古代"九丝汤"的资料，分析其与大煮干丝各自的优缺点。

（2）根据季节的不同，大煮干丝可以加哪些配料？

九、品种拓展

改变熟制工艺，可以制作烫干丝。

松鼠鳜鱼

一、菜品介绍

松鼠鳜鱼是一道经典的苏菜,以其形似松鼠、外脆里嫩、酸甜可口而闻名。相传乾隆下江南时,苏州松鹤楼厨师以鲤鱼仿松鼠造型创制此菜,后改用鳜鱼,流传至今。鳜鱼,又称桂花鱼、季花鱼等,巨口细鳞,骨疏刺少,皮厚肉紧,色白鲜嫩,是我国优质的淡水鱼类,在我国有着悠久的历史。唐代诗人张志和题诗"西塞山前白鹭飞,桃花流水鳜鱼肥"就是一个证明。苏州盛产鳜鱼,在当地有着"三月桃花开,鳜鱼上市来。八月桂花香,鳜鱼肥而壮"的谚语。

二、学习目的

（1）熟悉鳜鱼的特性、松鼠鳜鱼的发展历史和地位。
（2）掌握松鼠鳜鱼的刀工处理方法及制作方法。

三、成品标准

（1）味感特征　甜中带酸,番茄味浓郁。
（2）质感特征　外脆里嫩。
（3）成色要求　鱼肉金黄,茄汁红亮。

四、原料组成

（1）主料　鲜活鳜鱼1条（约750克）。
（2）辅料　河虾仁30克,冬笋25克,水发香菇25克,青豌豆10克。
（3）调料　盐12克,绍酒30克,番茄沙司180克,白糖200克,白醋100克,生姜15克,大葱20克,大蒜5克,淀粉150克,湿淀粉40克,色拉油1500克（实耗约250克）。

五、制作工艺

初加工 — 刀工处理 — 腌制 — 拍粉 — 炸制 — 复炸 — 挂汁 — 装盘成菜

六、制作步骤

（1）将鳜鱼宰杀，洗净，在齐胸鳍处至背部的鱼头与鱼身连接处下刀，斜切下鱼头，再将鱼骨下部三角形骨头取下，形成松鼠头，待用。鱼身部分，用刀沿脊骨两侧平片至鱼尾（鱼尾相连、不断），斩去鱼脊骨，然后鱼皮朝下，片去胸刺，然后再在鱼肉上先直剞（刀距1厘米）后斜剞（刀距3厘米），刀深至鱼皮，呈菱形刀纹。

（2）将虾仁洗净，待用；冬笋焯水，冷却后切成丁；香菇洗净，切成丁；大蒜洗净，切成末；葱、姜洗净，拍破后各取5克制成葱姜水，其余切成末。

（3）将葱姜水、2克盐、5克绍酒搅拌均匀，放入刀工处理好的鱼肉上，腌制15分钟，待用。

（4）将番茄沙司放入码斗内，加盐、白糖、白醋、绍酒、湿淀粉、水搅拌均匀，制成兑汁芡。

（5）锅置旺火烧热，放入色拉油加热至八成热。在加热过程中，将腌制好的鳜鱼，用手抓住鱼尾，去除鱼肉表面多余水分，在表面均匀地蘸上淀粉，再抖去多余淀粉。在八成油温时，将两片鱼肉翻卷（鱼肉向外），用筷子夹住，另一只手将鱼尾翘起，形成松鼠身形，放入热油内，炸制定形，然后放入油中，炸至表面金黄色捞出。鱼头也拍粉，炸至淡黄色，捞出；待油温升至八成热时，将炸好的鱼放入复炸至金黄色，捞出，放入长盘中，组装成松鼠形。

（6）在复炸时，另取炒锅烧热，放入100克色拉油，放入虾仁炒至成熟，捞出沥油。锅内留底油，加入葱末、姜末取味，再加入切好的蒜末、笋丁、香菇丁、青豌豆煸炒出味，倒入兑汁芡，烧开后淋入少许油，浇在摆好的鳜鱼上，再撒上熟虾仁即成。

七、制作关键点

（1）鳜鱼的出骨、剞刀。

（2）鳜鱼的拍粉。

（3）炸制定形。

（4）兑汁芡调制时调味品的比例。

八、课后讨论

（1）除了传统的番茄汁外，还可以呈现出哪些味型？

（2）炸制过程中，油温与成品质感有何关系？

九、品种拓展

制作菊花鱼、翠珠鱼花、金毛狮子鱼等其他类似菜品。

松子鱼米

一、菜品介绍

松子鱼米是淮扬菜滑炒类菜肴的代表菜肴。选用淮扬地区常见鱼类，将其切成鱼米，经过码味、上浆、滑油后成菜，反映了滑炒类菜肴的基础流程，同时也是对刀工、上浆、滑油、火候和菜品呈现的综合运用。

二、学习目的

（1）熟悉鱼米的呈现规格。

（2）掌握滑炒类菜肴的基础流程，及此类菜品的呈现要求。

三、成品标准

（1）味感特征　口味鲜香。

（2）质感特征　滑嫩适口。

（3）成色要求　色泽洁白。

四、原料组成

（1）主料　鳜鱼1条（约750克）。

（2）辅料　松子仁25克，青椒10克，红椒10克。

（3）调料　盐5克，绍酒5克，鸡汤30克，淀粉15克，蛋清20克，葱15克，姜10克，味精2克，色拉油1000克（实耗约100克）。

五、制作工艺

初加工 — 刀工处理 — 码味 — 上浆 — 滑油 — 滑炒 — 装盘成菜

六、制作步骤

（1）将鳜鱼洗净，取肉后片成0.5厘米的片，再切成丝，然后切成边长为0.5厘米的颗粒即为鱼米；将葱、姜洗净，拍破后各取5克制成葱姜水，其余切成末；青椒、红椒切成粒；松子仁洗净待用。

（2）将切好的鱼米放入盆中，加入葱姜水、绍酒搅拌均匀，再加入盐搅拌上劲，然后加入蛋清搅拌均匀，再加入适量淀粉搅拌均匀，用少许色拉油封住表面，冷藏静置20分钟。

（3）将炒锅上火，油温三成热时，下入松子仁炸至微微上色时捞出沥油。炒锅复上火，油温三成热时，倒入鱼米滑油至鱼肉色泽变白，捞出沥油。

（4）锅底留5克油，置大火上，放入葱末、姜末取味，再加入用鸡汤、盐、味精、水、淀粉制成的兑汁芡，同时迅速倒入鱼米、青椒粒、红椒粒和松子仁，翻锅装盘即成。

七、制作关键点

（1）鱼肉在进行刀工处理时，应保证鱼米形态均匀。
（2）鱼米的码味上浆。
（3）滑炒时芡汁的浓度。

八、课后讨论

（1）淮扬菜中滑炒类的基本流程。
（2）芡汁的浓度与菜品呈现的关系。

九、品种拓展

改变主料制作滑炒鸡丝、滑炒鱼片等。

炒软兜

一、菜品介绍

鳝鱼，也称"长鱼"，是江苏两淮地区（淮阴、淮安）的地标食材，在当地具有悠久的食用历史。两淮地区的"长鱼席"便是当地鳝鱼菜品的集中体现，也是当地鳝鱼饮食文化的体现。炒软兜是"长鱼席"中的一道经典菜肴，也是淮扬菜中的经典名菜，在当地有着广泛的知名度。此菜选用端午节前后产笔杆粗的小鳝鱼，在用古法制作时，通常将活鳝鱼用纱布兜住，放入带有葱、姜、盐的沸水中，氽至鱼身卷曲，鱼口张开时，取鳝鱼脊背肉来烹制，成菜后肉质软嫩、蒜香浓郁、滋味醇厚。用筷子夹起时，两侧下垂，犹如小孩的肚兜，故名炒软兜或软兜长鱼。

二、学习目的

（1）熟悉"长鱼席"的历史、鳝鱼的特点及其在烹饪中的运用。
（2）掌握鳝鱼的出骨方法、炒软兜的制作过程。

三、成品标准

（1）味感特征　鲜香味酸、蒜香浓郁。
（2）质感特征　软嫩适口。
（3）成色要求　色泽棕红。

四、原料组成

（1）主料　小活鳝鱼（笔杆青鳝鱼）1000克。
（2）辅料　韭黄100克。
（3）调料　盐152克，绍酒5克，酱油10克，香醋115克，大葱20克，生姜15克，大蒜20克，湿淀粉10克，胡椒粉2克，鸡清汤25克，味精1克，色拉油120克。

五、制作工艺

烫制 — 出骨 — 焯水 — 炒制 — 装盘成菜

六、制作步骤

（1）韭黄洗净，切成长5厘米左右的段，待用；大葱洗净，切成段；大蒜洗净，拍破后切成末；生姜洗净，切成片。

（2）锅内放宽水，加入150克盐、100克香醋、葱段、姜片，旺火烧沸，倒入鳝鱼后转小火，待鳝鱼嘴微微张开、身体卷曲时捞出，洗净，用竹刀去骨，取鳝背肉待用。

（3）将取下的鳝背肉一掐两段，焯水后沥干水分，再将鳝背肉、韭黄放入四成热的油中过油。

（4）炒锅复上火，放入色拉油，加入蒜末炸出香味，然后加入绍酒、酱油、味精、2克盐、鸡清汤烧沸，用湿淀粉勾芡，同时迅速放入鳝背肉和韭黄，翻锅炒匀，锅边烹入15克香醋后装盘，撒上胡椒粉即成。

七、制作关键点

（1）烫制鳝鱼时，要注意把握好时间和成熟度。

（2）鳝鱼出骨时，做到鳝鱼肉完整。

（3）注意鳝鱼肉的长度，不可切成段。

八、课后讨论

（1）为何选用笔杆青鳝鱼？鳝鱼品种对菜品有何影响？

（2）盐和醋在烫制鳝鱼时的作用是什么？

五味煎蟹

一、菜品介绍

五味煎蟹是苏南及沿海地区常见的经典菜品,以温州地区最为有名。这道名菜以梭子蟹为原料,通过简单地生煎加工后兑"五味"汁而成,色泽红亮,为沿海地区的佐酒佳品。

关于此菜的选料,江浙地区比较喜欢以梭子蟹(三疣梭子蟹)为原料,而广府地区、香港地区以蓝花蟹(远洋梭子蟹)为首,潮汕地区最爱红花蟹(锈斑蟳)。一般来说,这三个算是其中上品(分地区和季节),其他蟹种如拥剑梭子蟹、红星梭子蟹、日本蟳等,排名较为靠后。

二、学习目的

(1)熟悉梭子蟹的特点和上市时间。

(2)掌握梭子蟹的加工方法及菜品制作流程。

三、成品标准

(1)味感特征 咸、甜、酸、辣、香五味俱全。

(2)质感特征 肉质鲜嫩。

(3)成色要求 色泽红亮。

四、原料组成

(1)主料 梭子蟹1200克。

(2)辅料 青豆50克。

(3)调料 盐8克,绍酒30克,味精5克,鸡汤50克,酱油5克,白糖20克,番茄酱7克,咖喱膏2克,香醋15克,葱段30克,姜片20克,面粉50克,色拉油140克(实耗约55克)。

五、制作工艺

初加工 — 腌制 — 拍粉 — 煎制 — 兑汁 — 装盘成菜

六、制作步骤

（1）将梭子蟹背壳撬开，去除蟹鳃、沙囊、蟹心等不可食部位，洗净后改刀成小块，将蟹壳洗净待用；青豆洗净，待用。

（2）将改刀好的蟹块用适量盐、绍酒、葱段、姜片码味，腌制15分钟以上；青豆用水煮开，去皮待用。

（3）将盐、味精、绍酒、酱油、白糖、香醋、番茄酱、咖喱膏放入码斗中，加入鸡汤，调成兑汁芡。

（4）将炒锅置火上，放入色拉油，油温四成热时将剩余葱段、姜片炸香取味，在码好味的螃蟹块刀口位置裹上面粉，放入炒锅内，小火煎至两面变黄，再加入青豆、兑汁芡，搅拌均匀后装盘成菜。

七、制作关键点

（1）梭子蟹的选择和清洗。

（2）调制兑汁芡时应注意各调料比例。

（3）煎制时应注意火候把握。

八、课后讨论

（1）梭子蟹成熟和上市的季节。

（2）梭子蟹的种类和肉质特点。

（3）煎和炸对本菜品品质有何影响？

九、品种拓展

（1）可以改变主料如鸡肉、排骨等，制作五味鸡肉、五味排骨等。

（2）可以改变味型，如香辣味、麻辣味、青花椒味等。

宋嫂鱼羹

一、菜品介绍

宋嫂鱼羹是浙江杭州的一道传统名菜,属于浙菜系中的杭帮菜。其特点是色泽金黄,鲜嫩滑润,味道鲜美,因口感近似蟹肉,故又名"赛蟹羹"。宋嫂鱼羹始制于南宋高宗时,据古籍记载,南宋初年,宋五嫂在西湖钱塘门外开设饮食铺,以制作鱼羹闻名。一年,高宗赵构游西湖,曾进食宋五嫂亲手制作的鱼羹,认为味美至极,便马上召令宋五嫂觐见。从此,"宋嫂鱼羹"便扬名于世。其后又经名手研制,又演变为宋嫂鱼羹与西湖醋鱼两种名菜,流传各地。2019年,宋嫂鱼羹作为"杭帮菜烹饪技艺"之一被列入浙江省非物质文化遗产项目名录。

二、学习目的

（1）熟悉羹汤的应用场景及呈现要求,了解宋嫂鱼羹的历史渊源。

（2）掌握宋嫂鱼羹的工艺流程及制作要领。

三、成品标准

（1）味感特征　咸鲜微酸。

（2）质感特征　鲜嫩润滑。

（3）成色要求　色泽金黄。

四、原料组成

（1）主料　鳜鱼一条（约600克）。

（2）辅料　熟火腿10克,熟冬笋25克,水发香菇25克,鸡蛋黄3个。

（3）调料　盐6克,味精1克,绍酒6克,酱油7克,香醋8克,胡椒粉0.8克,白糖8克,鸡清汤750克,葱段8克,生姜5克,湿淀粉14克,色拉油30克。

五、制作工艺

初加工 — 蒸制 — 取肉 — 烧制 — 勾芡 — 调味 — 装盘成菜

六、制作步骤

（1）将熟火腿切成细丝；熟冬笋切成细丝，焯水后沥水待用；水发香菇去蒂，切成细丝；在鸡蛋黄中加入湿淀粉搅拌均匀即为蛋黄糊；生姜洗净，切成细丝。

（2）将鳜鱼宰杀，去头后沿背脊骨片成两片，去脊骨后洗净，然后将鱼皮向下，放入盘中，加葱段、姜片、绍酒腌制后上蒸笼，旺火蒸6分钟左右后取出。拣去葱段、姜片，再用筷子将鱼肉拨散，将鱼皮、鱼骨弃去。

（3）将炒锅置火上，放入色拉油，放入葱段取味，再加入鸡汤，烧开后，加入笋丝、香菇丝，放入鱼肉，再加酱油、盐，烧开后放入白糖、味精，淋入蛋黄糊，烧开后再加香醋并淋上油，起锅前加入火腿丝、姜丝和胡椒粉即成。

七、制作关键点

（1）鱼肉的蒸制时间。
（2）配料在进行刀工处理时应注意粗细均匀。
（3）加入蛋黄糊时要注意不使其凝结。

八、课后讨论

蛋黄在鱼羹中的作用有哪些？

九、品种拓展

（1）更换主料如鱿鱼、鸡脯肉、牛肉等。
（2）改变味型如酸辣味等。

腌笃鲜

一、菜品介绍

腌笃鲜为长江下游江南地区常见菜肴,为淮扬经典名菜。"腌"指的是腌制过的咸肉,"笃"在当地语言中则是用小火焖煮的意思,"鲜"则代表新鲜的肉类和时令春笋,鲜肉如鸡、蹄髈、小排骨等,各地根据地方文化和口味略有不同,食材上也各有增减,但基本包含春笋、咸肉、火腿、猪肉(包含各种部位)、百叶结、莴笋等食材。当冬天的咸肉遇上春天的竹笋,碰撞出惊艳的味觉体验。

二、学习目的

(1)熟悉腌笃鲜的由来,以及其流传的地域特点。
(2)掌握腌笃鲜的制作流程及操作要点。

三、成品标准

(1)味感特征　口味鲜香,味道醇厚。
(2)质感特征　肉质肥嫩,春笋清香脆嫩。
(3)成色要求　汤呈奶白色。

四、原料组成

(1)主料　咸肉100克,五花肉200克,金华火腿50克。
(2)辅料　百叶结30克,青笋50克,春笋150克。
(3)调料　盐3克,味精10克,绍酒15克,大葱20克、葱花3克,生姜10克。

五、制作工艺

初加工 — 刀工处理 — 焯水 — 炖制 — 调味 — 装盘成菜

六、制作步骤

（1）将咸肉、金华火腿用温水浸泡2小时，去除咸味，然后切成1厘米厚的片；五花肉切成1厘米厚的片，待用。将青笋和春笋去皮洗净，切成长3厘米左右的滚料块；大葱洗净，切成段；生姜洗净，拍破待用。

（2）将炒锅置旺火上，放入清水烧开，放入切好的春笋块焯水，捞出沥水。炒锅复置旺火上，加水烧开，放入切好的五花肉片焯水，待用。

（3）取砂锅一只，锅内加入清水，将处理好的猪肉片、咸肉片、火腿片放入，大火烧开，撇去浮沫，加入绍酒、葱段、姜块，改用中火慢慢焖40分钟至肉半熟，再加入春笋块、青笋块、百叶结、盐、味精，继续小火焖煮30分钟，挑出葱段和姜块，撒上葱花即成。

七、制作关键点

（1）咸肉、火腿在浸泡时应泡去咸味和异味。

（2）肉片在刀工加工时应注意大小一致。

（3）炖制应注意火候，用小火慢炖。

八、课后讨论

咸肉、火腿在菜肴中的作用是什么？

九、品种拓展

（1）更换主料如腊鸡、腊火腿等；更换辅料如腐竹、莴苣等。

（2）改变味型如酸辣味等。

龙井虾仁

一、菜品介绍

龙井虾仁是淮扬经典菜肴,流行于江浙一带,由滑炒虾仁搭配龙井茶组合而成,是虾仁与茶饮的完美融合,具有很强的地域特性和季节性。茶叶与虾仁的融合有着悠久的历史,清末就有安徽的厨师用"雀舌""鹰爪"等茶叶品类去制作虾仁的记载,美食家高阳在《古今食事》里曾提及:"翁同龢创制了一道龙井虾仁,即西湖龙井茶叶炒虾仁,真堪与蓬房鱼匹配。"

二、学习目的

(1)熟悉茶叶与虾仁搭配烹调的历史与文化。
(2)掌握滑炒虾仁的流程和成菜要点。

三、成品标准

(1)味感特征 咸鲜适口,茶香浓郁。
(2)质感特征 虾仁清新软嫩。
(3)成色要求 虾仁玉白、茶叶翠绿,色泽雅丽。

四、原料组成

(1)主料 活大河虾1000克。
(2)辅料 龙井茶叶5克。
(3)调料 盐5克,绍酒10克,鸡蛋清1个、淀粉20克,芝麻油5克,色拉油1000克(实耗约60克)。

五、制作工艺

挤虾仁 — 清洗 — 码味 — 上浆 — 滑油 — 滑炒 — 装盘成菜

六、制作步骤

（1）将河虾去壳，挤出虾仁，用水漂洗三次至虾仁色泽洁白，用吸水纸吸干水分，放入碗内，依次加入适量盐、绍酒搅拌上劲，再依次加入蛋清和淀粉搅拌均匀，用少许色拉油封住表面，静置20分钟。

（2）取茶杯一个，放入茶叶，用50毫升沸水泡开，静置1分钟，滤出茶汁待用。

（3）将炒锅置旺火上，加入色拉油烧至三成热，放入浆好的虾仁，用筷子划散，至虾仁微微变成乳白色时候，捞出沥油。

（4）炒锅内留少许油，置旺火上，倒入虾仁，并迅速倒入茶叶、茶汁、绍酒、盐、芝麻油，快速搅匀，出锅装盘即成。

七、制作关键点
（1）虾仁在上浆时应注意浆要薄且能包裹虾仁。
（2）滑油时应注意控制油温。
（3）控制炒制时间。

八、课后讨论
（1）虾仁上浆后静置的作用是什么？
（2）滑油时油温对虾仁口感的影响有哪些？

九、品种拓展
改变辅料制作白果虾仁、三色炒虾仁等。

芙蓉鱼片

一、菜品介绍

芙蓉鱼片是一道淮扬风味特色经典名菜,芙蓉在中国传统文化中有着清新高雅、素淡幽芬的感觉,芙蓉鱼片是将鱼肉打成蓉,与蛋清糊形成色泽洁白的鱼片,有着吃鱼不见鱼的感觉,将芙蓉意境与菜品完美融合。清代童岳荐撰著的《调鼎集》中,就有"芙蓉鸡""芙蓉蛋"的记载,如今以芙蓉命名的菜肴已不下几十种,质地鲜嫩、色泽白净成为芙蓉菜的一个基本特点。

二、学习目的

(1)熟悉芙蓉技法在菜品中的运用。

(2)掌握芙蓉鱼片的制作流程和制作关键。

三、成品标准

(1)味感特征 鲜香适口。

(2)质感特征 柔滑鲜嫩,入口即化。

(3)成色要求 鱼片白净,火腿胭红,豆苗翠绿。

四、原料组成

(1)主料 鲜活鲢鱼1条(约500克)。

(2)辅料 鸡蛋清5个,水发香菇50克,肥膘肉30克,上海青100克,火腿20克。

(3)调料 大葱50克,生姜30克,盐8克,味精10克,白糖0.5克,绍酒20克,鸡汤50克,淀粉5克,色拉油1500克(实耗约120克)。

五、制作工艺

初加工 — 制蓉 — 定形 — 炒制 — 装盘成菜

六、制作步骤

（1）将鲢鱼洗净，去骨去皮后，取鱼肉200克放入水中，泡去血水，然后捶成鱼蓉；将肥膘洗净，捶成蓉；水发香菇去蒂，切成片；上海青洗净，取菜心，焯水待用；火腿用温水浸泡半小时后蒸熟，切成片；大葱洗净，切成段；生姜洗净，一半切片，另一半拍破后与一半葱段制成葱姜汁备用。

（2）将鱼蓉和肥膘蓉搅拌均匀，依次加入葱姜汁、绍酒、盐，搅拌上劲；蛋清打成蛋泡待用。

（3）将鱼蓉和蛋泡搅拌均匀，淀粉加水制成湿淀粉。

（4）将炒锅置旺火上，锅内放色拉油，油温三成热时，转小火，用勺子沿盛器的边缘将鱼蓉糊舀成柳叶形，放入油中，待鱼蓉颜色变白，捞出沥油。

（5）将炒锅复置旺火上，锅内放油，在油温180℃时，放入葱段、姜片取味，然后加入香菇片、菜心、火腿片略炒，加入鸡汤、盐、味精、白糖调味，再放入鱼片，烧开后用湿淀粉勾芡即可。

七、制作关键点

（1）捶打鱼蓉时应注意细腻度。
（2）蛋清打成蛋泡的程度。
（3）油温的控制。

八、课后讨论

苏菜中的芙蓉鱼片的制作方法与川菜中的芙蓉鸡片有何异同？

九、品种拓展

改变原料制作一道芙蓉鸡片。

扬州炒饭

一、菜品介绍

扬州炒饭是淮扬菜经典代表菜肴之一,也是非遗传承技艺菜品,是饭菜合一的代表菜肴之一,以其色泽金黄、粒粒分明、配料丰富、口感鲜香而闻名。谢讽《食经》中记载的"越国公碎金饭"相传就是扬州炒饭的前身,俗称"金裹银"。后经淮扬厨师改良,成为国际知名的"Yangzhou Fried Rice"。

二、学习目的

(1)熟悉扬州炒饭的历史及演变。
(2)掌握扬州炒饭的标准制作流程及成品特点。

三、成品标准

(1)味感特征　咸鲜醇厚。
(2)质感特征　颗粒分明,软硬有度。
(3)成色要求　色彩黄白相间,自然和谐。

四、原料组成

(1)主料　粳米300克,鸡蛋8个。
(2)辅料　虾仁15克,水发海参50克,熟火腿10克,熟鸡脯肉50克,熟猪肉50克,水发金钩2克,熟鸭肫30克,水发香菇25克,熟冬笋30克,青豆25克。
(3)调料　盐5克,绍酒6克,葱花20克,鸡清汤50克,湿淀粉20克,色拉油175克。

五、制作工艺

蒸制米饭 — 冷却 — 炒制 — 调味 — 装盘成菜

六、制作步骤

（1）将粳米淘洗干净，加入清水浅浅没过大米表面，淋上5克色拉油，入蒸笼中蒸制45分钟至熟，倒入盛器中铺平，冷却待用。

（2）将水发海参、熟火腿、熟鸡脯肉、熟猪肉、熟鸭肫、水发香菇、熟冬笋分别切成边长4毫米左右的丁；金钩略斩；青豆焯水；鸡蛋打散，加入5克葱花、2克盐，搅匀；虾仁洗净，加1克盐、湿淀粉搅拌均匀，上浆。

（3）将炒锅置旺火上，加入20克色拉油，倒入虾仁煸炒至变色，捞出；炒锅内再加入50克色拉油，依次放入各种辅料丁，煸炒出香味，加入2克盐、绍酒、鸡清汤，烧沸制成什锦浇头，盛入碗内。

（4）炒锅中放入100克色拉油，油温四成热时，倒入蛋液。待蛋逐渐半凝固时，加入冷米饭炒匀，倒入一半的浇头继续炒匀，然后将三分之二的炒饭装入碗中，再将剩余的浇头倒入余下三分之一的炒饭内，加入虾仁、青豆、葱花15克，炒匀，盖在碗中的米饭上，即成。

七、制作关键点

（1）蒸制米饭时，要求米饭有韧性且粒粒分明。

（2）炒制鸡蛋时，要求为半凝固状态。

（3）炒饭时，要将鸡蛋与米饭翻炒至均匀。

八、课后讨论

（1）将蛋液裹在米饭上再炒，与用传统炒制方法相比，各有什么优劣？

（2）将蛋液用油软炸成蛋花，再以其制作炒饭与传统炒制相比，各有什么优劣？

（3）配料的组合还可以有哪些变化？

九、品种拓展

（1）改变配料，制作如回锅肉炒饭、鱼香肉丝炒饭等其他品类炒饭。

（2）用白花椰菜颗粒代替米饭，制作无米炒饭。

梁溪脆鳝

一、菜品介绍

梁溪旧为无锡别称,故梁溪脆鳝又名无锡脆鳝,是一道热菜冷吃的传统名菜,也可用于面条的浇头。相传,这道菜肴起源于清朝同治年间(19世纪中叶),由无锡惠山直街的朱姓油货摊主首创,后经"二泉园"店主朱秉心改良,又因朱秉心外号为"大眼镜",故又被称为"大眼镜脆鳝"。这道菜肴由整条鳝鱼肉炸制而成,因成菜口味和成形独特而成为淮扬菜中的经典。

二、学习目的

(1)熟悉苏锡菜肴的特点。

(2)掌握梁溪脆鳝的制作流程及特点。

三、成品标准

(1)味感特征　甜中带咸。

(2)质感特征　松脆香酥。

(3)成色要求　色泽乌光油亮。

四、原料组成

(1)主料　鲜活大鳝鱼1500克。

(2)辅料　姜丝30克。

(3)调料　盐150克,葱花25克,姜末50克,绍酒50克,味精5克,鸡汤50克,酱油40克,白糖100克,芝麻油5克,色拉油1500克(实耗约150克)。

五、制作工艺

初加工 — 炸制 — 复炸 — 调味 — 装盘成菜

六、制作步骤

（1）在锅内加水、盐烧开，加入鳝鱼，烫至鱼嘴张开，捞入清水中漂洗，用竹刀去除鱼骨和内脏，将鱼肉洗净，沥水待用。

（2）将炒锅置火上，加入色拉油烧至油温八成热时，放入鳝鱼肉，炸3分钟捞出；再将油温升至八成热时复炸，待油泡变小时转小火炸脆。

（3）在小火炸制时，另取一锅置旺火上，放入50克色拉油，将葱花、姜末用小火煸出香味，加绍酒、白糖、酱油制成卤汁，放入炸脆的鳝鱼肉翻炒均匀，淋上芝麻油，装盘，撒上姜丝即成。

七、制作关键点

（1）鳝鱼的烫杀、去骨。

（2）炸制时火候的把握。鳝丝需经过两次高温油炸，使其外酥里脆。

（3）味型的把握。以酱油、白糖、绍酒等调制的酱汁将鳝丝包裹均匀，形成"甜中带咸，味浓汁酸"的风味。

八、课后讨论

（1）鳝鱼的烫杀和生杀，应用的场景有何不同？

（2）鳝鱼炸制后，味型有哪些变化？

九、品种拓展

改变主料制作一道炸素鳝鱼。

糟熘鱼片

一、菜品介绍

糟熘鱼片是淮扬菜中糟熘类菜肴的常见代表菜肴,以上海周边地区比较常见,主要运用香糟卤来进行调味。香糟卤是由从陈年酒糟中提取香气浓郁的糟汁,再配入辛香调味汁精制而成,透明无沉淀,突出陈酿酒糟的香气,口味鲜咸适中,荤素浸蘸皆可,清蒸、糟溜、煲汤、炒菜皆可。

二、学习目的

(1)熟悉香糟的历史及其在菜肴制作中的运用。
(2)掌握糟熘鱼片的工艺流程及制作方法。

三、成品标准

(1)味感特征　鲜香适口,糟香浓郁。
(2)质感特征　鱼肉滑嫩,入口即化。
(3)成色要求　鱼片洁白,汤汁浅棕。

四、原料组成

(1)主料　鳜鱼1条(约750克)。
(2)辅料　香糟卤200克,鸡蛋清20克,水发木耳10克,黄瓜25克。
(3)调料　盐2克,绍酒5克,味精3克,白糖1克,湿淀粉5克,葱段10克,姜片5克,色拉油10克。

五、制作工艺

初加工 — 码味 — 上浆 — 糟熘 — 调味 — 装盘成菜

六、制作步骤

（1）将鳜鱼宰杀后洗净，取下鱼肉放入水中漂洗去血水。

（2）将洗净的鱼肉片成0.3厘米厚的片，加入盐、味精、葱段、姜片、绍酒码味，再依次加入鸡蛋清和湿淀粉上浆，静置20分钟。

（3）将黄瓜洗净，切成0.2厘米厚的菱形片；水发木耳焯水后放入盘中，待用。

（4）将炒锅置旺火上，放入香糟卤、盐、味精和白糖调味，然后将上好浆的鱼片依次放入，小火烧开后放入黄瓜片，用湿淀粉勾芡，烧开后，浇在垫好木耳的盘中即可。

七、制作关键点

（1）鱼片的成形、码味、上浆。

（2）糟熘时的火候控制。

八、课后讨论

（1）用绍酒或酒酿制作的菜肴还有哪些？

（2）熘制菜肴的特点是什么？

九、品种拓展

改变主料制作糟熘三白、糟熘鸡片等。

大烧马鞍桥

一、菜品介绍

大烧马鞍桥是淮扬风味代表菜肴之一，源自南京地区。此菜由鳝鱼段与猪肉合烹而成，因鳝鱼段形似马鞍桥而得名。相传清代僧人小山和尚曾因烹制此菜而名震一时，清代诗人林苏门曾在《邗江三百吟》中作诗"藏时本与龟为族，烹出偏从马得名；解释年来弹铗感，当筵翻动据鞍情"来称赞此菜。

二、学习目的

（1）熟悉此菜的相关历史，学习鳝鱼的宰杀工序。
（2）掌握此菜的制作方法及成菜特点。

三、成品标准

（1）味感特征　咸鲜微甜，酱香浓郁。
（2）质感特征　软烂适口，汤汁浓稠。
（3）成色要求　色泽酱红。

四、原料组成

（1）主料　活鳝鱼1000克。
（2）辅料　带皮五花肉350克，大蒜150克。
（3）调料　盐102克，绍酒15克，酱油10克，香醋85克，白糖10克，胡椒粉2克，糖色25克，葱段40克，姜片25克，青蒜50克，芝麻油2克，色拉油50克。

五、制作工艺

初加工 — 焯水 — 煸炒 — 炖制 — 调味 — 装盘成菜

六、制作步骤

（1）将鳝鱼宰杀后去内脏，洗净后在其背面剞刀，切成长5厘米的段；五花肉洗净，切成长5厘米、宽3厘米、厚1.5厘米的片；将青蒜洗净，切成细丝。

（2）炒锅置旺火上，加入清水、100克盐、80克香醋、20克葱段、15克姜片，大火烧开，放入鳝段焯水，捞出洗净，沥水备用。

（3）将炒锅置旺火上，加入适量色拉油烧至五成热时，放入10克葱段、5克姜片略煸，再加入五花肉片，煸炒至变色出油，加入5克酱油、500克清水，烧开后，小火炖制30分钟。

（4）将炒锅置旺火上，加入剩余色拉油烧至五成热时，加入大蒜炸成金黄色后捞出，放入10克葱段、5克姜片略煸，加入鳝段煸炒出味后，依次加入5克香醋、5克酱油、2克盐、绍酒、糖色、200克清水，大火烧开，待用。

（5）将肉片倒入垫有竹垫的砂锅中，再倒入鳝段和卤汁，加入糖、炸好的大蒜，大火烧开后转小火焖30分钟，转大火将汤收浓，撒上青蒜丝，淋上芝麻油，再撒上胡椒粉即成。

七、制作关键点

鳝鱼的宰杀和焯水。

八、课后讨论

（1）鳝鱼的加工方法有哪几种？
（2）在此菜的制作基础上，可变化出哪些味型？
（3）大蒜在此菜中的作用是什么？
（4）五花肉在此菜中的作用是什么？

03 第三章 CHAPTER
广东风味菜

第一节 广东风味菜概述

广东风味菜，也称粤菜。广东地处中国南端，属于热带、亚热带气候，雨量充沛，动、植物品种繁多，食物原料丰富，加之广州是中国最早的通商口岸之一，较早吸收借鉴西方烹饪文化与技术之长，因而形成了独具特色、影响极大的广东风味菜，其影响遍及珠江流域地区，辐射到中国台湾及马来群岛。跟随着华侨的足迹，粤菜餐馆更是遍布世界各地，特别是在东南亚及欧美各国的唐人街，粤菜馆占有重要的地位。

一、广东风味菜的形成与发展

粤菜起源于距今七八千年前的岭南地区。在距今约三四千年时，广东的先民已聚居于珠江三角洲，其中大部分形成了南越族群，并与中原地区保持着物资交流。秦汉时期，朝廷采取南迁汉人的方式，通过"杂处"而达到"汉越融合"的目的。中原汉人带来的科学知识和饮食文化、烹饪技艺，也迅速与岭南独特物产和饮食习俗糅合在一起，去粗取精，不断升华，形成了以南越人饮食风尚为基础，融合中原饮食习惯、烹饪技艺精华的饮食特色，从而奠定了粤菜吸收包容、不断进取创新的风格。唐宋时期，粤菜逐渐成长壮大，人们能针对不同原料，恰如其分地运用煮、炙、炸、蒸、甑、炒、烩等不同烹饪方法制作菜肴。其中，尤以烧腊方法为多。如今，粤菜中的腊肠、烤乳猪等食品便是继承烧腊法发展而来的。唐代以后，中原文士南迁，粤菜又一次受到中原饮食文化的影响。至宋代，广州地区的名肴美馔已明显增多，或由内地传来，或为本地创制，其烹饪技艺比唐代时更为精细。明清时期，广东风味菜得到快速发展。广州成为对内对外贸易十分发达的地方，商贾云集，各地名食蜂拥而至，西洋餐饮相继传入，饮食市场十分兴隆。粤菜在国内外饮食文化的滋润下快速发展，最终形成了特色突出的地方风味体系。到民国时期，仅广州就有较大的饮食店200多家，而且家家都有自己独特的招牌名菜，这时候的广东餐饮市场可谓名菜荟萃，争奇斗艳，拥有"食在广州"之誉。中华人民共和国成立后，广东风味菜进入了繁荣时期。

二、广东风味菜的主要特点

1. 用料广博，注重精细

清代屈大均《广东新语》记载："天下所有之食货，东粤几尽有之；东粤所有之食货，天下未必尽有之也。"广东地区地形复杂，气候炎热多雨，十分适合动植物生长，物产丰富，北有野味，南有海鲜；珠江三角洲河网纵横，瓜果蔬菜四季常青，家禽家畜质优满栏；同时，广东是中国对外贸易的南大门，引进国外原料十分方便，这些因素成就了粤菜用料广博的特点。在广纳四方食材的基础上，粤菜更以选料精微著称，讲究原料的季节性，除了注意选择原料的最佳肥美期外，还特别注意选择原料的最佳部位，如潮汕牛肉细分16个部位，其中吊龙伴涮8秒即食；生滚粥中的肉类、海鲜、内脏等更是讲究当天屠宰、烹饪和食用。

2. 调味清醇，调品独特

粤菜具有清淡、嫩滑、爽脆，讲究时令的特点。广东地处热带、亚热带，冬暖夏长，炎热潮湿，人们在口味上必然追求清淡、爽滑，从而使粤菜的调味注重清而醇。广东菜肴常常以生猛海鲜为原料，活杀后烹食，在调味上讲究清而不淡、鲜而不俗、嫩而不生、油而不腻，既重鲜嫩、滑爽，又兼顾浓醇。一般而言，夏秋力求清淡，冬春偏重浓郁。粤菜对调味的讲究，也促进了调味料和调味技巧的发展。粤菜的调料独特，不同季节和不同菜品常常选用不同的调料，而且有许多调料曾经是其他地方菜系不用或很少用的，如蚝油、柱侯酱、沙茶酱、柠檬汁、鱼露和果皮等。此外，粤菜善用现成的单味调味品调制成极具竞争力的复合调味品。这种做法现已辐射到全国各地，调味品厂也陆续将成熟的复合调味品开发成产品，满足市场的需要。

3. 烹法丰富，博采中外

由于长期的人口南迁，水陆交通方便，对内对外贸易发达，粤菜博采中外烹饪方法之长，并结合岭南烹饪习惯而加以变化，形成了自己十分擅长的烹饪方法，如烧、烤、炙、焗、蒸、扣、泡、灼、煲、焖、烩等。其中，最典型的烹饪方法是焗。焗，本是西餐常用的烹饪方法之一，随着西方饮食文化的交流进入中国，广东厨师则积极吸收借鉴，并结合岭南烹饪习惯而加以变化，发展出多种多样的焗法，包括盐焗、炉焗、原汁焗、汤焗、酒焗等，制作出东江盐焗鸡、果汁肉脯等著名菜肴。

4. 品种多样，新颖出奇

自唐代起，广东经济逐步兴盛，物质比较丰富，食风得以盛行，广东人十分讲究菜点的新颖和滋味。在历史上，广州长期是商业活动十分活跃的地方，饮食业十分发达，从而引发了食肆间的激烈竞争，竞争的结果造就了许多名厨，打造了许多名店，创造了许多名菜、名点。今天，随着饮食业的发展，菜点的更新与开发速度呈现加快的趋势。仅以广东点心为例，其种类之多是其他地方少见的，有常期点心、星期点心、四季点心、席上点心、节日点心、旅行点心、早上点心、午夜中西点心、原桌点心餐、精美点心、筵席点心等，名目繁多，精小雅致，款式常新，应时适宜。

三、广东风味菜的组成及代表品种

广东风味菜主要由广州菜、潮州菜和东江菜组成。

1. 广州菜

广州菜，也称广府菜，涵盖的范围最广，包括顺德、中山、南海、清远、韶关、湛江等地。广州菜有用料广泛、选料精细、配料奇异、刀工讲究、火候适当等特点，烹饪方法擅长炒、煎、炸、焗、煲、炖、扣等，在炒法上讲究"镬气"，即火候及油温，并讲究现炒现吃，以保持菜肴的色、香、味、形，口味讲究清鲜嫩脆滑爽。其代表品种有挂炉烧鸭、麻皮乳猪、油泡虾仁、清蒸海鲜以及蛇肴等。

2. 潮州菜

潮州菜，也称潮汕菜，发源于潮汕平原，覆盖潮州、汕头、潮阳、普宁、揭阳、饶平、南澳、惠来和海丰、陆丰等地，以及一些会说潮汕话的地方。潮州菜的特点是选料严格，讲究刀工和造型，口味偏重香醇、甜、鲜。潮州菜的烹饪方法以焖、炖、烧、炸、蒸、炒、泡等法为主，其中焖、炖及卤水的制品与众不同。以烹制海鲜、汤类和甜菜、素菜最具特色。其代表品种有炸虾枣、烧雁鹅、护国菜、清汤蟹丸、油泡螺球、甜绉纱肉、太极芋泥等。

3. 东江菜

东江菜，又称客家菜。这里的客家是指古代从中原迁徙到广东的东江一带山区的汉人，他们烹制的菜肴被称为客家菜。因东江山区的地理、气候和物产条件与中原有相近之处，东江一带的客家人在饮食习俗上大量保留了中原的饮食风貌，使得客家菜也基本保持中原特色。总体而言，客家菜的特点是菜品主料突出、朴实大方，善烹畜禽肉料，口味上偏于浓郁，重油、主咸、偏香，善烹砂锅菜，具有浓厚的乡土气息。其代表品种有东江盐焗鸡、玫瑰酒焗双鸽、扁米酥鸡、东江豆腐、东江鱼丸、梅菜扣肉、爽口牛肉丸等。

第二节 广东风味名菜制作

广东烧腊（叉烧肉）

一、菜品介绍

叉烧肉是广东烧腊的一种，广东烧腊是一道起源可以追溯到古代的传统名菜。早在唐朝时期，烧腊就已经被记录在中国的烹饪文化中，当时阿拉伯人、印度人的灌肠食品传入广州，广州人借鉴并改良了制作方法，参考了其肉食的腌制方式，从而创新出了"广式烧腊"中的炙烤工艺。随着时间的推移，广式烧腊逐渐成为广东地区的特色美食之一，并以其独特的口感和风味赢得了广大食客的喜爱。

"烧腊"一词在粤语中意为"烤制的肉"，代表之一是"烤乳猪"，它早在乾隆年间就已经出现在著名的"满汉全席"中。到了民国时期，八百载、皇上皇等广东腊味店更是家喻户晓，成为烧腊制作和销售的重要代表。

二、学习目的

（1）理解广东烧腊的基本风味特点、基本技法。

（2）掌握广式叉烧肉的制作方法。

三、成品标准

（1）味感特征　咸甜醇浓，香味浓郁。

（2）质感特征　叉烧表皮酥脆，肉嫩多汁。

（3）成色要求　色泽红亮。

四、原料组成

（1）主料　猪颈肉500克。

（2）辅料　洋葱50克，胡萝卜50克，西芹50克。

（3）调料　排骨酱30克、叉烧酱30克、十三香5克、麦芽糖100克。

五、制作工艺

刀工处理 — 腌制 — 烤（炸）— 上糖浆 — 烤（炸）— 改刀 — 装盘成菜

六、制作步骤

（1）将主料、辅料洗净后，将洋葱、胡萝卜、西芹切成长3厘米左右的块状备用。

（2）将叉烧酱、排骨酱、十三香调制均匀制成腌制酱。

（3）将猪颈肉用腌制酱和辅料蔬菜腌制12小时。

（4）将腌好的猪颈肉用小火烤40分钟，取出后涂上麦芽糖，用中火烤10分钟，重复2次，每次去除烤焦的部分以修整原料。

（5）将烤好的猪颈肉切配装盘，食用时配上白糖或者桂花酱。

七、制作关键点

（1）原料在刀工处理时，注意切割尺寸。

（2）腌制主料时，注意制作腌制酱料的比例和腌制的时间。

（3）烤制时间、火力与肉质的关系。

八、课后讨论

（1）制作广东烧腊的技术关键。

（2）广东烧腊的风味特征有哪些？

九、品种拓展

可改变主料用牛肉、羊肉制作叉烧牛肉等。

清蒸石斑鱼

一、菜品介绍

清蒸石斑鱼是一道具有悠久历史和独特文化背景的传统中国菜肴。它起源于中国南方地区，尤其是江浙一带，经过数百年的发展和改良，逐渐成为一道备受人们喜爱的经典美食。

二、学习目的

（1）熟悉清蒸石斑鱼的制作方法及海水鱼的质地和风味。

（2）掌握广东清蒸的基本技法以及豉油皇的制作方法及烹饪用途。

三、成品标准

（1）味感特征　咸鲜浓郁，本味突出，微有甜味。

（2）质感特征　肉质爽嫩。

（3）成色要求　色泽自然白净。

四、原料组成

（1）主料　鲜活石斑鱼1条（约1000克）。

（2）配料　姜丝5克，葱丝20克，红椒丝10克。

（3）调料　盐3克，生姜2克，大葱100克，生抽20克，咸鱼骨50克，水发香菇2克，香菜2克，洋葱30克，美极鲜味汁20克，胡椒粉1克，食用油50克。

五、制作工艺

制作豉油皇 — 预熟 — 刀工处理 — 调味 — 烹制 — 装盘成菜

六、制作步骤

（1）锅内加少许食用油，加入咸鱼骨，用小火煎至鱼骨色黄，加入清水后再加入香菇、香菜、洋葱，用小火熬煮1小时，取其澄清液50克，加入生抽、美极鲜味汁、胡椒粉调匀，制成专用于蒸鱼的豉油皇，也称为鱼汁或海鲜豉油。

（2）将鲜活石斑鱼在水台上拍晕，放入70℃热水中微烫，刮净鱼鳞，在胸鳍处和肛门处各切一刀，将鳃根和肠根切断，用钳子从口中经鳃部伸入鱼内腔中，搅转将内脏和鱼鳃一同挟出，用水冲洗干净，并沿脊骨中央从背部片进一刀，在鱼身上抹少许盐。

（3）将大葱取葱白外面两层切成细丝，泡水备用；将生姜一半切片，另一半切为细丝备用。

（4）取一长鱼盘，下垫几根大葱段，将鱼放入。在鱼身上放上姜片，并淋上少许油，入笼用旺火蒸制8分钟，至肉质刚断生取出，去掉姜片、长葱和汤汁，将鱼移入另一长盘内，撒上葱丝、姜丝、红椒丝，浇上另外烧热的食用油，并从侧面淋上已蒸热的豉油皇即成。

七、制作关键点
（1）熬煮豉油皇，需注意配料及时间。
（2）石斑鱼的宰杀方法。
（3）石斑鱼的装盘方法，蒸制火力的大小，加热时间的长短。

八、课后讨论
（1）豉油皇的制作方法及烹饪用途。
（2）蒸鱼时为何将葱垫在鱼身之下？
（3）分析蒸鱼时，掌握火力的重要性。

九、品种拓展
改变主料品种制作清蒸老虎斑、清蒸老鼠斑。

咕噜生炒骨

一、菜品介绍

这道菜出现于清朝,相传当时在广州的许多外国人都非常喜欢食用中国菜,尤其喜欢吃糖醋排骨,但由于不习惯吐骨而有顾虑。广东厨师即以去骨的精肉加以调味,与淀粉拌和制成一只只大肉圆,入油锅炸至酥脆,裹上糖醋卤汁,其味酸甜可口,受到中外宾客的欢迎。糖醋排骨由此经改制后,便改称为"古老肉"。外国人发音不准,常把"古老肉"称作"咕噜肉",因为吃时有弹性,嚼肉时有"咯咯"声,后来社会中流行谐音的风潮,故又称之为"咕咾肉"。

二、学习目的

(1)熟悉广东糖醋汁调味的方法,生炒、炸熘的基本技法。
(2)掌握咕噜生炒骨的制作方法。

三、成品标准

(1)味感特征　糖醋汁醇浓,果味浓郁。
(2)质感特征　排骨外酥里嫩滑嫩、菠萝脆嫩。
(3)成色要求　色泽棕红。

四、原料组成

(1)主料　猪肋排500克。
(2)辅料　菠萝(罐头也可)100克,青椒30克,红椒30克。
(3)调料　生姜10克,小葱10克,蒜5克,番茄沙司100克,盐4克,味精1克,白醋20克,糖30克,湿淀粉10克,绍酒50克,食用油50克,吉士粉20克,面粉100克。

五、工艺流程

刀工处理 — 挂糊 — 炸制 — 制作味汁 — 淋汁 — 装盘成菜

六、制作步骤

（1）将菠萝洗净分成四瓣，再把菠萝瓣切成小块。

（2）肋排洗净，剁成1.5厘米长的段，加上适量盐、绍酒码味；将吉士粉、面粉、水调成糊备用。

（3）将青椒、红椒切成菱形块；葱姜蒜去皮洗净，切成末。

（4）将盐、糖、白醋、清水和湿淀粉放入碗内调成味汁。

（5）将净锅置火上，放入食用油烧至六成热，下入肋排块炸至金黄酥脆，捞出沥油。

（6）锅中留少许底油烧热，放入葱末、姜末、蒜末炒香后放入番茄沙司炒上色，加入菠萝块、青椒块、红椒块和炸好的肋排块稍炒。

（7）烹入调好的味汁，加入味精，用旺火快速翻炒均匀，离火出锅，装盘上桌即可。

七、制作关键点

（1）肋排、菠萝在刀工处理时，注意方法的合理性。

（2）制作味汁时，注意酱料的比例和炒制的火候。

（3）炸制时间、火力与肋排肉质的关系。

八、课后讨论

（1）炸熘这种方法的技术关键。

（2）广东糖醋汁的风味特征有哪些？

九、品种拓展

改变主料制作菠萝生炒骨、咕噜生炒肉、菠萝咕噜肉。

客家东江豆腐煲

一、菜品介绍

客家东江豆腐煲是一道源自广东东江地区的传统名菜,其起源与古代中原人包饺子的习惯有关。客家先民原是中原汉人,由于战乱、饥荒等原因,辗转南迁至岭南地区。在岭南地区,由于产麦极少,面粉难以获取,因此客家人想吃一顿饺子变得非常困难。

然而,客家人富有智慧,他们发现虽然岭南地区缺少麦子,但黄豆的种植条件却十分优越。于是,聪明的客家人开始尝试用黄豆制作豆腐,并将其与饺子这种食物形式相结合,创造出了酿豆腐这一独特的美食。酿豆腐经过酿、煎、煲等烹饪方法制作后,原煲上桌,热气腾腾,味香汁浓,玲珑剔透,极具食相。

客家东江豆腐煲作为酿豆腐的一种变种或延伸,继承了酿豆腐的制作精髓和独特风味。它不仅是岭南文化和中原文化交融的产物,更体现了客家人对美食的追求和创新精神。

二、学习目的

(1)熟悉豆腐瓤制、煎制的基本技法,以及砂锅菜肴的基本制作过程。

(2)掌握东江豆腐煲的制作方法。

三、成品标准

(1)味感特征 咸鲜浓郁。

(2)质感特征 豆腐滑嫩。

(3)成色要求 呈棕黄色。

四、原料组成

(1)主料 豆腐400克。

(2)辅料 五花肉100克,鱼肉100克,金钩20克,左口鱼末10克。

(3)调料 葱花10克,盐4克,味精4克,胡椒粉1克,老抽10克,湿淀粉30克,鲜汤500克,食用油1000克(实耗约125克)。

五、制作工艺

刀工处理 — 调味 — 填馅 — 烹制 — 装盘成菜

六、制作步骤

（1）将五花肉、鱼肉洗净后，分别剁成黄豆大小的粒；金钩水发后切成细粒，一起放入碗中，加入适量盐、味精、胡椒粉拌匀，再加入左口鱼末、葱花、湿淀粉拌和成馅。

（2）豆腐切成长5厘米、宽4厘米、厚2.5厘米的块，在豆腐中央挖一小孔，重新填满馅料，放入六成热的油锅中煎至两面金黄时起锅。

（3）将豆腐块装入砂锅内，加入鲜汤、盐、味精、胡椒粉、老抽，加盖用中小火煲约10分钟，用湿淀粉勾芡，撒上葱花、左口鱼末，淋上少许食用油，加盖再煲1分钟，原煲上菜。

七、制作关键点

（1）豆腐瓤制时要注意力度，馅料填入时要注意量的多少。

（2）豆腐块装入砂锅内的方法。

（3）广东煲菜的加热方法。

八、课后讨论

（1）总结广东煲菜的风味特征。

（2）如何使豆腐形整不烂且不粘锅？

九、品种拓展

更换辅料制作不同馅料的豆腐煲。

客家东江盐焗鸡

一、菜品介绍

客家东江盐焗鸡首创于广东东江一带,是广东传统名菜,主料是三黄鸡,主要烹饪工艺是盐焗。盐焗鸡制法独特,以沙姜油佐食,风味极佳。其色泽微黄、皮脆肉嫩、骨肉鲜香、风味诱人,是宴会上常用的佳肴。盐焗法是客家菜的特色烹调法,能够制作出独具风味特色的盐焗系列菜肴,如盐焗凤爪、盐焗猪肚、盐焗鱼等。

二、学习目的

(1)熟悉广东三黄鸡(湛江鸡)的特征。

(2)掌握东江盐焗鸡的制作方法及基本技法。

三、成品标准

(1)味感特征　香味浓郁,有沙姜的特殊香味。

(2)质感特征　鸡皮脆嫩,肉质熟软。

(3)成色要求　色泽淡黄。

四、原料组成

(1)主料　肥嫩仔母鸡(三黄鸡)1只。

(2)配料　盐焗粉30克,粗盐2500克。

(3)调料　姜片10克,葱条10克,盐10克,味精5克,香料粉2克,沙姜粉5克,香油2克,猪油100克,花生油10克。

五、制作工艺

初加工 — 码味 — 蒸制 — 制作味碟 — 装盘成菜

六、制作步骤

（1）将鸡整理干净，晾干水分，用适量盐焗粉涂抹均匀加入姜片、葱条码味30分钟，上蒸笼蒸熟，再用一张未刷油的锡箔纸包裹好备用。

（2）将锅置旺火上加热，放入粗盐炒至较高温度，将纸包鸡放入粗盐中用小火加热20分钟，使鸡在盐的传热下慢慢受热，焗至成熟。

（3）在碗中加入盐、味精、沙姜粉、香油、猪油，用热油调匀后分盛两碟，作为佐食味碟。

（4）装盘尽可能保持鸡身完整，与配好的跟碟一同上桌。

七、制作关键点

（1）整理生鸡时应注意不使鸡身破损，用锡箔纸包裹时应严密紧实。

（2）鸡加热焗制时，受热要缓慢、均匀。

八、课后讨论

（1）分析盐焗菜的风味特征。

（2）从沙姜开始了解各种香料的风味差异。

（3）自学新式盐焗鸡的制作方法。

九、品种拓展

更换主料可制作盐焗鸭、盐焗猪蹄等。

豉汁蒸鳗鱼

一、菜品介绍

豉汁蒸鳗鱼是广东地区的一道特色传统名菜,也是近年来粤菜创新菜式中的佼佼者。这道菜并没有一个确切的起源年份和创始人,但可以推测它源自广东地区传统烹饪技艺和食材创新应用的碰撞。鳗鱼作为广东地区常见的食材之一,被广泛应用于各种菜肴的制作中。而豉汁作为一种传统的调味料,也在当地烹饪中扮演着重要的角色。将鳗鱼与豉汁相结合,再通过创新的烹饪技艺,就诞生了这道豉汁蒸鳗鱼。

二、学习目的

(1)熟悉豉汁调味的基本风格、滑蒸的基本技法和特征。

(2)掌握豉汁蒸鳗鱼的制作流程。

三、成品标准

(1)味感特征 咸、鲜、香醇浓,豉香味厚。

(2)质感特征 鳗鱼肉质滑嫩、软糯。

(3)成色要求 色泽棕红。

四、原料组成

(1)主料 鳗鱼1条。

(2)调料 豆豉10克,老抽5克,蒜蓉2克,椒米2克,陈皮末1克,盐2克,味精5克,白糖2克,湿淀粉10克,胡椒粉1克,食用油50克,芝麻油2克。

五、制作工艺

刀工处理 — 码味 — 制作豉汁 — 上笼蒸制 — 装盘淋油

六、制作步骤

（1）将豆豉剁碎，放入盛有少许油的锅中，用小火炒至豉蓉酥香，起锅加入老抽3克、白糖1克、味精3克拌匀，放入蒸笼内蒸制30分钟，待豆豉蓉酥软时取出即成豉汁。

（2）鳗鱼宰杀后，除去黏液，用筷子从鱼口插入，卷去内脏；在背部每隔0.5厘米切1刀，切断脊骨成腹部皮肉相连的片状。

（3）然后将处理好的鳗鱼装入盘内，加入蒜蓉、椒米、豉汁、盐、2克老抽、1克白糖、2克味精、陈皮末充分拌匀，再加湿淀粉拌匀，最后加入食用油和芝麻油拌匀。另取一只碟子，将腌好的鳗鱼盘卷成蟠龙的造型放在碟中，并将腌料收集放在鳗鱼上。

（4）将放有鳗鱼的碟子入笼用旺火蒸约15分钟，取出后撒上胡椒粉，再淋上八成热的食用油即成。

七、制作关键点

（1）宰杀鳗鱼时，应注意方法的合理性。
（2）拌入调味料时，注意湿淀粉和食用油的用量。
（3）蒸制时间、火力与鳗鱼肉质的关系。

八、课后讨论

（1）了解鳗鱼的原料特色及其相应的烹饪技巧。
（2）滑蒸技法的技术关键。
（3）豉汁的风味特征有哪些？

九、品种拓展

改变主料制作豉汁蒸排骨、豉汁蒸鲜鲍、金瓜豉汁蒸仔排等。

脆炸牛奶

一、菜品介绍

脆炸牛奶起源于20世纪70年代末，具体地点在中国的广东顺德。这道菜的灵感来源于顺德厨师对传统奶制品和炸制技术的深入探索。他们结合了大良炒牛奶的技艺，并受到蒸牛奶糕和西式炸雪糕的启发，通过不断地尝试和创新，最终创造出了这道具有独特口感和风味的美食。

脆炸牛奶以其外皮酥脆、内里鲜嫩的特点，迅速在广东地区乃至全国范围内赢得了广泛的喜爱和赞誉。随着时间的推移，这道菜的制作技艺和口味也不断得到完善和创新，它不仅丰富了人们的饮食品类，还成为文化交流的重要载体，展示了中国饮食文化的独特魅力。

二、学习目的

（1）熟悉脆浆的调制方法及使用技巧。
（2）掌握脆浆炸的基本技法，把控成菜质感和风味。

三、成品标准

（1）味感特征　甜香浓郁，有自然的奶香味。
（2）质感特征　外酥脆，内软嫩。
（3）成色要求　色泽淡黄。

四、原料组成

（1）主料　牛奶500克。
（2）辅料　面粉90克，淀粉30克，泡打粉2克，吉士粉10克，清水150克，色拉油20克。
（3）调料　白糖75克，吉士粉10克，湿淀粉150克，炼乳50克，番茄沙司50克，食用油1000克（实耗约150克）。

五、制作工艺

调制奶浆 — 预熟 — 调味 — 冷藏 — 改刀 — 炸制 — 装盘成菜

六、制作步骤

（1）将一半牛奶放入大碗中，加入吉士粉、湿淀粉调成奶浆。

（2）在锅内加入另一半牛奶烧沸，加白糖调味，将奶浆慢慢倒入，边倒边搅拌均匀。待锅内牛奶液成糊状，淀粉完全熟透，起锅倒入抹油的平盘内，自然冷却，再放入冰箱冷藏。于正式制作前取出，切成一指宽条。

（3）将辅料中的面粉、淀粉、泡打粉、吉士粉、清水、色拉油搅拌均匀，制成脆浆，静置15分钟。

（4）将奶条逐条裹上脆浆，放入油温七成热的锅中，不断翻炸，直至奶条外表膨松胀大，色泽微黄，内部热透变软，外表酥脆捞出。修形去掉不规整的部分，装入盘内，与配好的炼乳和番茄沙司一同上桌，由食客自行蘸食。

七、制作关键点

（1）在炸制过程中，如何判断奶浆的成熟度？

（2）奶浆中白糖的添加量应如何控制？

（3）脆浆的挂制技巧，油炸的技巧。

八、课后讨论

（1）脆浆的调制及使用技巧是什么？

（2）奶浆调制的比例如何掌握？

九、品种拓展

改变主要原料为羊奶、椰奶等制作脆炸羊奶、脆炸椰奶等。

姜葱焗肉蟹

一、菜品介绍

姜葱焗肉蟹,在菜系上属于粤菜,以肉蟹为原料,经宰杀、洗涤、斩件、拍粉、炸制等工序,通过油炸、汤焗工艺,与姜、葱等调料结合烹制而成。

肉蟹是青蟹的一种,一般腹脐部呈三角形的是肉蟹。优质肉蟹的蟹肉丰满、爽滑鲜甜。青蟹虽一年四季都有产,但以每年农历八月初三到廿三这段时间出产的为佳,其壳坚如盾,脚爪圆壮,只只都是双层皮,民间有"八月蟳蜅抵只鸡"之说。著名诗人苏东坡在《丁公默送蟳蜅》一诗中也题有"半壳含黄宜点酒,两螯斫雪劝加餐"的诗句。

二、学习目的

(1) 熟悉姜葱焗肉蟹的制作方法,以及肉蟹的原料知识。

(2) 掌握切蟹的基本技法,把控菜肴的味型和质感。

三、成品标准

(1) 味感特征　咸鲜清香,饱含蟹之鲜香。

(2) 质感特征　肉质滑嫩。

(3) 成色要求　色泽金红油亮。

四、原料组成

(1) 主料　鲜活肉蟹2只。

(2) 调料　姜片30克,葱段20克,蒜蓉5克,绍酒20克,盐2克,胡椒粉1克,白糖1克,味精3克,湿淀粉10克,淀粉20克,食用油750克(实耗约75克)、芝麻油1克。

五、制作工艺

初加工 — 刀工处理 — 拍粉 — 炸制 — 烹制 — 装盘成菜

六、制作步骤

（1）将鲜活肉蟹倒扣，在蟹脐处切一刀，向上翻开蟹壳，除去内脏，剁去爪尖，切下蟹螯，放入清水中冲洗，若有泥垢，还需用毛刷刷洗干净。将蟹身连着蟹爪切成块，蟹螯捶破外壳，沥干水分。

（2）锅内加入食用油，用猛火烧至六成热，将蟹块拍上少许淀粉，随即放入油锅中，炸制30秒，使蟹身返色，倒出沥油。

（3）锅内留少许油，放入姜片、葱段、蒜蓉炒香，加入过油的蟹块，烹入绍酒，加入适量清水，用盐、白糖、味精、胡椒粉调味，不断翻炒2分钟，用湿淀粉勾芡，收汁后再加入芝麻油和少许食用油炒匀，装盘时将蟹块拼摆恢复到原形即可。

七、制作关键点

（1）肉蟹应充分洗净。

（2）肉蟹炸制时，时间应较短，油温不应过高，使蟹块返色即可。

（3）肉蟹在炒制过程中，加水量应充足。

八、课后讨论

（1）了解螃蟹的初加工方法。

（2）肉蟹与膏蟹的区别及烹饪用途。

九、品种拓展

可变换主料为其他种类的螃蟹。

避风塘炒虾

一、菜品介绍

避风塘菜系起源于港台地区。"避风塘",也就是一般所称的"避风港"。相传,广东沿海一带的渔民,一旦在捕鱼时遇到大风浪,便只能选择到避风塘内躲避风浪;在此期间,渔民们无以为生,只好利用刚捕获的海鲜,现场料理以果腹。避风塘炒虾常见于香港沿海一带的大排档,是一道传统菜品。其精髓在于金蒜的甘口焦香,脆而不煳;蒜香味与辣味、豉味结合,达到了一种口味的平衡;与虾共烹,味道和谐,可口至极。

二、学习目的

(1)熟悉基围虾的原料学特征。
(2)熟悉广东椒盐的应用、炸烹的基本技法,把控菜肴的质感。
(3)掌握避风塘菜肴的炒制方法。

三、成品标准

(1)味感特征　咸鲜浓郁,椒盐味突出。
(2)质感特征　基围虾外酥里嫩。
(3)成色要求　色泽金黄。

四、原料组成

(1)主料　基围虾500克。
(2)辅料　青辣椒15克,红辣椒15克,小米椒20克,阳江豆豉10克,面包糠30克,椰蓉5克。
(3)调料　姜米2克,蒜蓉200克,淀粉50克,花生油1000克(实耗约75克)。

五、制作工艺

刀工处理 — 拍粉 — 油炸 — 炒制 — 调味 — 装盘成菜

六、制作步骤

（1）将基围虾剪去虾须、虾枪，再入清水中漂洗干净，沥干水分；青辣椒、红辣椒选辣味重者，去籽切成绿豆大小的颗粒；将豆豉剁细。

（2）将蒜蓉用清水洗干净，沥干水分。锅里加入花生油烧到120℃，加入蒜蓉，小火炸至呈浅黄色，沥干油冷却后即为金蒜，备用。

（3）将锅置旺火上，加入食用油烧至八成热，将基围虾外表拍上少许淀粉，随后放入油锅中，炸至虾身转红，外表质硬酥脆，内部成熟捞出，沥干油分。

（4）锅内留少许油，放入姜米、金蒜、豆豉碎、小米椒、面包糠、椰蓉炒香，再加入炸过的基围虾，不断翻炒，最后加入青椒粒、红椒粒，炒匀装入盘内即可。

七、制作关键点

（1）拍粉、油炸、翻锅、菜肴出锅时的技巧。

（2）油炸基围虾时应掌握火候，炸至变色酥脆即可。

（3）投放调味品时应突出金蒜的特有香味。

（4）成品效果和装盘方式。

八、课后讨论

（1）避风塘菜肴的味型风格及其特点。

（2）了解炸烹的操作技艺。

（3）从外形及品质特征上区别基围虾与其他几种虾。

九、品种拓展

可在此基础上，改变主要原料制作避风塘炒蟹、避风塘炒爬爬虾等。

柠汁煎鸡柳

一、菜品介绍

柠汁煎鸡柳属粤菜,是以鸡脯肉为主的菜肴。柠檬中含有的类黄酮、维生素、膳食纤维、类胡萝卜素和生物碱等成分具有重要的生理功能。榨取的柠檬汁在与鸡肉一同煎制时,能够使肉质嫩滑,赋予鸡肉独特的果香气与味道。

二、学习目的

(1)熟悉柠汁煎鸡柳的制作。

(2)掌握码味、上浆和勾芡的基本技法,把控菜肴的味型和质感。

三、成品标准

(1)味感特征 甜酸适口,有水果香味。

(2)质感特征 外酥里嫩。

(3)成色要求 色彩鲜黄。

四、原料组成

(1)主料 鸡脯肉350克。

(2)辅料 罐头菠萝100克,青椒、红椒各50克。

(3)调料 盐2克,白糖20克,白醋10克,松肉粉0.5克,吉士粉10克,姜片2克,葱条5克,鸡蛋液50克,淀粉50克,浓缩柠檬汁10克,柠檬1个,湿淀粉5克,清水30克,食用油500克(实耗约50克)。

五、制作工艺

刀工处理 — 码味 — 炸制 — 装盘 — 烹制芡汁 — 装盘淋汁 — 成菜

六、制作步骤

（1）将鸡脯肉切去四周边料，根据鸡脯肉的大小，平刀片成1厘米厚的片，加入盐、松肉粉、5克吉士粉、姜片、葱条充分拌匀，装入保鲜盒内，放入冰箱冷藏。

（2）将菠萝切小块；青椒、红椒切成丁放入盘中。将淀粉和5克吉士粉混合拌匀，制作成半煎炸粉备用。

（3）将柠檬切开，在碗中挤出柠檬汁，加入浓缩柠檬汁、白糖、白醋、清水，调好口味即为柠汁，备用。

（4）将腌好的鸡脯片去掉姜葱，先加入鸡蛋液拌匀，取出后再在表面裹上半煎炸粉，放入油锅中，先用中火将一面煎至金黄，翻面煎另一面至色泽金黄，外表松脆，滤油后改切成小的菱形块，装入盘内。用菠萝块在周围装饰。

（5）将锅洗净，加入调好的柠汁，用少许湿淀粉勾芡，收汁后起锅淋在鸡脯上即可。

七、制作关键点

（1）果汁类甜酸味在风味上有何特色？
（2）菠萝块在本菜中有何作用？

八、课后讨论

半煎炸粉在广东菜中如何运用？其特征有哪些？

九、品种拓展

可以将主料改变为鸡翅、鸭肉制作柠汁鸡翅、柠汁鸭片等；也可将柠汁更换为橙汁、柚子汁等制作橙汁煎鸡柳、柚汁煎鸡柳等。

脆皮乳鸽

一、菜品介绍

脆皮乳鸽是粤菜中的一道传统名菜，具有皮脆肉嫩、色泽红亮、鲜香味美的特点。随着菜品制作工艺的不断发展，逐渐形成了熟炸法、生炸法和烤制法三种制作方法。但无论是哪种制作方法，都是将鸽子经过一系列的初加工，挂脆皮糖浆后再制熟而成。

二、学习目的

（1）掌握脆皮糖浆的制作方法。
（2）熟悉鸽子预熟处理方法、脆皮炸的基本技法，把握菜肴的质感。

三、成品标准

（1）味感特征　咸香浓郁，有淡淡五香味。
（2）质感特征　肉质滑嫩，外皮酥脆。
（3）成色要求　呈棕红色。

四、原料组成

（1）主料　乳鸽2只（约500克）。
（2）辅料　虾片20克。
（3）调料　白卤水2500克，麦芽糖30克，大红浙醋100克，辣椒米2克，葱花2克，蒜蓉1克，糖醋汁100克，湿淀粉2克，食用油1000克（实耗约100克）。

五、制作工艺

初加工 — 刀工处理 — 预熟处理 — 炸制 — 制作味碟 — 装盘淋汁 — 成菜

六、制作步骤

（1）将宰杀好的鸽子放入沸水锅中浸烫1分钟，取出后投入清水，洗去浮毛、血污、浮油，并刺破眼球。

（2）将麦芽糖、大红浙醋在容器里面充分搅拌均匀，制成脆皮糖浆备用。

（3）将白卤水放入锅中烧沸，调节好基本风味，放入鸽子，用微火浸煮至刚熟，捞出用沸水淋洗，将外表浮油冲掉；将鸽子翼关节向外拔离鸽子身体。用铁钩勾住鸽子的杀口处，趁热在鸽子全身抹上脆皮糖浆，然后放在通风、阴凉处静置，晾干外表水分备用。

（4）锅内加入食用油，烧至五成热时，将鸽身背朝下放入笊篱内，再放入油锅中浸炸，同时不断用热油浇淋鸽身，使外皮呈大红色时捞出；再下入虾片，炸至出现松泡时捞出。

（5）锅内留少许油，加入辣椒米、蒜蓉、葱花，翻炒出香味，加入糖醋汁，用湿淀粉勾芡，收汁后装入小碟内即成味汁。

（6）将炸好的鸽子趁热剁成块，装入盘内，并堆砌成鸽子的原形，四周用虾片装饰，与味汁一同上桌。

七、制作关键点
（1）浸煮鸽子时，应注意火力和浸煮时间。
（2）调制脆皮糖浆时要注意各原料的比例；在鸽身上浆时要饱满均匀。
（3）晾干外皮时应注意环境和晾放时间。
（4）浸炸鸽身时的技巧。

八、课后讨论
（1）分析脆皮糖浆受热后的色泽和外表变化。
（2）如何保证成品色泽均匀？

九、品种拓展
变换主料可制作为脆皮鹌鹑、脆皮仔鸡等。

珧柱冬瓜炖田鸡

一、菜品介绍

珧柱冬瓜炖田鸡又叫太史田鸡。民国初期,广州出现了许多美食世家。其中,有两个家族的筵宴最负盛名,一个是源自广东然后北上,成为顶级官府菜,名满京师的谭家菜;另一个是坚守广东,由晚清进士江孔殷(世称"江太史")缔造的"太史菜"。

太史菜引领了羊城其后几十年鼎盛食风,但历经战乱苦难,目前仅剩少量菜谱流传下来,其中就有"太史田鸡",其口感清润鲜甜,为夏季汤水佳品。

二、学习目的

(1)掌握珧柱冬瓜炖田鸡的制作方法。

(2)熟悉广东炖品的制作方法,了解广东炖品的主要特点和种类。

三、成品标准

(1)味感特征　本味突出,咸鲜浓郁。

(2)质感特征　田鸡滑嫩,冬瓜软烂,江珧柱韧性十足。

(3)成色要求　食材本色,汤色微黄。

四、原料组成

(1)主料　田鸡(牛蛙)500克,里脊肉100克,冬瓜750克。

(2)辅料　干江珧柱30克,火腿10克,姜件10克,葱段15克。

(3)调料　上汤1000克,盐7克,味精8克,胡椒粉1克,绍酒15克。

五、制作工艺

刀工处理 — 预熟处理 — 烹制 — 调味 — 装盘成菜

六、制作步骤

（1）将冬瓜切成厚棋子形，焯水后冷却备用，江珧柱洗净后，盛在砂锅内，加入沸水、姜件、葱段，同火腿一起用中小火炖至汤味浓郁后，取出，留下的汤汁即为珧柱汁；里脊肉切成边长为1厘米的丁。将田鸡处理干净，切件焯水至熟。

（2）将冬瓜、江珧柱、里脊肉丁、田鸡依次放入炖盅内，撒胡椒粉，加入上汤、珧柱汁、盐、味精调匀，倒入盅内，加盖，上笼再炖30分钟即成。

七、制作关键点

（1）江珧柱和火腿需提前用鲜汤炖煮形成底汤。

（2）各原料在熟处理时，需注意成熟度。

（3）炖制的时间必须在30分钟以上。

八、课后讨论

（1）广东炖汤的特点。

（2）广东煲汤与普通炖汤之间有何区别？

九、品种拓展

变换主料制成其他炖制汤品。

广式小炒皇

一、菜品介绍

广式小炒皇是一道色香味俱佳的广东传统名菜,在众多的广东菜式中,小炒是一种非常受欢迎的烹饪方式,它以快速、简洁、原汁原味的特点著称。而小炒皇,作为小炒中的佼佼者,更是以丰富的食材、独特的口感和精湛的烹饪技艺赢得了广大食客的喜爱。

广式小炒皇的食材丰富多样,通常包括虾仁、鱿鱼、鸡肉、猪肚、腰花等多种海鲜和肉类,再搭配上蔬菜如芥蓝、青椒等,使得这道菜在口感和营养上都非常丰富。烹饪过程中,厨师们运用高超的烹饪技艺,将食材快速翻炒,在保持其原汁原味的同时,也展示了广东地区丰富的食材资源和独特的烹饪技艺。如今,广式小炒皇已经成为广东菜中的一道经典之作,深受国内外食客的喜爱和推崇。

二、学习目的

(1)熟悉广式小炒菜肴的特点及种类。

(2)掌握广式小炒皇的制作。

三、成品标准

(1)味感特征 咸鲜浓郁。

(2)质感特征 肉质爽嫩。

(3)成色要求 色泽鲜艳。

四、原料组成

(1)主料 净鲜鱿鱼600克。

(2)辅料 黄豆芽300克,西芹60克,红椒60克,生姜10克。

(3)调料 盐2克,白糖1克,味精2克,生抽2克,胡椒粉1克,绍酒15克,淀粉1克,鲜汤50克。

五、制作工艺

刀工处理 — 制作味汁 — 焯水 — 炒制 — 装盘成菜

六、制作步骤

（1）鲜鱿鱼切十字花刀，切成长8厘米、宽0.5厘米的条状；豆芽择除头尾；将西芹和红椒分别切成长8厘米、宽0.5厘米的条状；生姜切成细丝。

（2）将盐、白糖、味精、胡椒粉、生抽、鲜汤、淀粉调和均匀制成味汁备用。

（3）在锅中加入清水烧开后分别将鱿鱼条、黄豆芽、西芹条焯水断生备用。

（4）锅中加入花生油加入生姜丝爆香，依次加入鱿鱼条、黄豆芽、西芹条、红椒条翻炒均匀，倒入味汁，旺火炒出香味，出锅成菜。

七、制作关键点

（1）鱿鱼的刀工处理。

（2）味汁的调制。

（3）烹制的火候。

八、课后讨论

（1）粤菜中的"小炒"和川菜中的"小炒"有何区别？

（2）广式小炒皇的选料特点。

九、品种拓展

根据不同季节对时令食材进行自由搭配。

铁板黑椒牛柳

一、菜品介绍

最早的铁板菜肴起源于日本，是一种将食材放在铁板上煎熟或烤熟的烹饪方式。后来，这种烹饪方式逐渐传入中国，并受到了广东地区厨师的青睐。广东厨师们将铁板烹饪技艺与中式烹调相结合，创新出了许多具有广东特色的铁板菜肴，其中铁板黑椒牛柳便是其中之一。

制作铁板黑椒牛柳需要选用优质的牛肉，经过切片、腌制等处理后，再放在铁板上煎熟，配以特制的酱汁和蔬菜等配料，口感鲜嫩多汁、味道浓郁。

随着铁板黑椒牛柳的受欢迎程度不断提高，它也逐渐传到了其他地区，并成为中式餐饮中的一道经典菜品，各大餐厅和小吃摊都可以见到它的身影，且广受欢迎。

二、学习目的

（1）熟悉铁板黑椒牛柳的制作及铁板的相关知识。

（2）掌握黑椒酱的制作方法、牛肉的腌制方法，把控该菜肴的味型和质感。

三、成品标准

（1）味感特征　咸鲜浓郁，黑椒味突出。

（2）质感特征　牛柳滑嫩，青红椒脆嫩。

（3）成色要求　呈棕黄色。

四、原料组成

（1）主料　牛柳350克。

（2）辅料　洋葱碎50克，青椒、红椒各40克。

（3）调料　姜米5克，蒜蓉5克，黑椒碎5克，沙茶酱10克，柱侯酱10克，盐2克，白糖4克，味精5克，湿淀粉15克，生抽5克，老抽3克，花生油75克。

五、制作工艺

刀工处理 — 制黑椒酱 — 烹制 — 装盘成菜

六、制作步骤

（1）在锅内放入少许食用油，放入姜米、蒜蓉、洋葱碎，炸干香后捞出，放入沙茶酱、柱侯酱、黑椒碎，炒香即成黑椒酱。

（2）将牛柳切成0.3厘米厚的片，漂去血水，加生抽、老抽、盐、白糖、味精、湿淀粉拌匀腌制；青椒、红椒去籽切件。

（3）锅内放入食用油，放入腌好的牛肉滑油后滤出；锅内留底油，放入炸好的姜米、蒜蓉、洋葱碎炒香，放入牛肉片、青红椒件、黑椒酱，烹入湿淀粉勾芡即起锅装盘。

（4）同时烧热铁板，放上成菜一同上桌即可。

七、制作关键点

（1）牛肉腌制的色泽、嫩爽度。

（2）铁板菜肴的成菜技巧。

（3）黑椒酱的制作。

八、课后讨论

（1）如何腌制牛肉使其达到成菜要求的色泽和嫩爽度？

（2）将此菜推广到四川，应如何制作？

九、品种拓展

区分铁板牛肉、铁板黑椒牛肉、黑椒牛肉。

生啫鳝鱼

一、菜品介绍

生啫鳝鱼是一道源自广东地区的经典菜肴。"生啫"这一烹调方式最初是由西餐的铁板焗改良而来,在广东地区形成了独特的烹饪风格。广式生啫利用瓦煲或铁板传热,不加汤汁,完全依靠食材本身所挥发出的蒸汽来熟制食材。这种方式可以确保食材的原汁原味,使其酱味十足,香气扑鼻。

生啫鳝鱼作为生啫烹饪方式中的一种,以黄鳝为主料,经过改刀、腌制等处理后,再放入烧热的瓦煲或铁板中焗熟。烹饪过程中可以加入姜葱蒜等调料提味,使鳝鱼更加鲜美。上桌后,揭开煲盖或铁板盖,会发出"啫啫"声响,香味四溢,因此有人称其为"会唱歌的菜"。

二、学习目的

(1)熟悉生啫鳝鱼的制作及复制酱料的概念。

(2)掌握生啫的基本技法,把控成菜的味型和质感。

三、成品标准

(1)味感特征　香味浓郁。

(2)质感特征　鳝鱼脆嫩。

(3)成色要求　呈深棕色。

四、原料组成

(1)主料　鳝鱼350克。

(2)辅料　青椒、红椒各40克。

(3)调料　姜片10克,葱条15克,蒜头30克,广式豆瓣酱5克,沙茶酱3克,柱侯酱3克,排骨酱3克,海鲜酱3克,芝麻酱5克,花生酱5克,蚝油8克,南乳汁6克,花生油150克,广东米酒15克。

五、制作工艺

预熟 — 刀工处理 — 制作生啫酱 — 烹制 — 装盘成菜

六、制作步骤

（1）鳝鱼整条（也可去骨）放入60℃的温热水中漂烫，见表面黏液变色，捞出洗净，切成6厘米长的段。

（2）锅内放入食用油，依次放入广式豆瓣酱、沙茶酱、柱侯酱、排骨酱、海鲜酱、芝麻酱、花生酱、蚝油、南乳汁，炒匀即成生啫酱。

（3）另取一砂锅烧热，放入花生油、蒜头炸香，再放入姜片、葱条、青红椒件炸香，将鳝鱼段拌上生啫酱，放入砂锅内，同时加盖加热40秒，揭盖翻拌均匀，再加盖加热50秒，从锅盖上浇少许广东米酒，使广东米酒随盖边流入锅内，可听见"嗞嗞"声时，连锅上桌即成。

七、制作关键点

（1）鳝鱼漂烫的程度。
（2）复制酱料的各原料比例。
（3）注意把控生啫密闭加热的代表性风味。

八、课后讨论

（1）复制酱料的概念。
（2）生啫菜肴风味的形成关键。

九、品种拓展

改变主料可制作生啫泥鳅、生啫鸡翅等。

广式咖喱焖鸡

一、菜品介绍

广式咖喱焖鸡是一道源自中国广东深圳的特色家常菜，用料简单，便于烹制，颇有风味，其色微黄，鲜明油亮，味鲜美而带辛香。

咖喱起源于印度，并传播到南亚和东南亚国家，传入中国广东后，厨师们凭借出色的烹饪技艺和创新思维，创造出极具中国特色的咖喱焖鸡。咖喱与鸡肉一起烹饪，不仅增加了食物的色香味，减少了鸡肉的腥味，还促进了胃液分泌，令人胃口大增，体现了粤菜菜肴的多样性和丰富性。

二、学习目的

（1）掌握广式咖喱焖鸡的制作方法。

（2）熟悉咖喱风味、焖制的基本技法，以及菜肴的味型和质感。

三、成品标准

（1）味感特征　咸鲜为基础，酸甜兼备，咖喱味浓郁。

（2）质感特征　鸡肉滑嫩，土豆软烂。

（3）成色要求　色泽鲜黄。

四、原料组成

（1）主料　鸡脯肉或者鸡腿肉500克。

（2）辅料　土豆300克，青椒20克，红椒20克。

（3）调料　咖喱粉20克，香料粉10克，姜10克，干葱15克、蒜20克，洋葱100克，干红辣椒5克，胡椒粉2克，盐5克，味精3克，白糖15克，松肉粉0.5克、湿淀粉30克，鲜汤500克，花生油500克。

五、制作工艺

刀工处理 — 码味 — 制作咖喱酱 — 烹制 — 勾芡 — 装盘成菜

六、制作步骤

（1）将鸡脯肉切成边长2.5厘米的菱形块，加盐、味精、白糖、松肉粉、适量湿淀粉，拌匀腌制；将土豆切成斧头件；青椒、红椒切成件。

（2）将鸡肉块、土豆块分别拉油。

（3）锅内放入少许花生油，放入由8克姜、10克蒜、干葱、干红辣椒、60克洋葱混合打碎的浆，慢慢炸干，去渣后加入咖喱粉、香料粉、胡椒粉微浸，再加入适量清水，熬煮20～30分钟即成咖喱酱。

（4）锅内放入少许油，加入剩余的姜米、蒜蓉、洋葱碎炒香，加入鸡肉块、土豆块、鲜汤、青红椒件，再加盐、糖、味精、咖喱酱调味，小火加热焖制10分钟，用剩余湿淀粉勾芡即成。

七、制作关键点

（1）腌制时要注意鸡肉的干湿度，如果较干可加入一定的清水，否则会影响肉质的嫩度。

（2）制作咖喱酱时，需充分熬煮，其味才香。

（3）焖制时间不宜过长，只要土豆软熟即可。

八、课后讨论

（1）复制酱料的概念。

（2）咖喱风味的特点。

（3）焖制方法的种类。

九、品种拓展

可将配料更换为胡萝卜、青笋等；也可将主料更换为鸭胸肉、鸭腿肉等。

04 第四章 CHAPTER
四川风味菜

第一节
四川风味菜概述

四川风味菜，又称川菜，起源于四川地区。四川地区，地处长江上游，使得川菜具有典型的内陆性，而四川历史上的社会变动和人口变迁，又使川菜拥有和其他内陆地区代表菜肴不一样的开放性。经过长期发展，川菜逐渐形成取材广泛、调味多变、技法多样、成品普适的特点，其风味以清鲜醇浓和善用麻辣为特色。川菜的影响以长江中上游地区为核心，覆盖全国绝大部分地区，并通过餐饮品牌、调味品和文化输出传播至全球180多个国家和地区，是中国辐射面很广的地方风味之一。

一、四川风味菜的形成与发展

四川自古有"天府之国"之称，江河纵横，沃野千里，高山峻岭，水源充足，物产丰富，为其饮食的发展提供了条件。从现有资料和考古研究成果来看，川菜的孕育、萌芽应该在商周时期。而成都平原是长江流域文明的发源地之一，奴隶制的巴国、蜀国早在商朝以前就已建立。当时陶制的鼎、釜等烹饪器具已比较精美，也有了一定数量的菜肴品种。从秦汉至魏晋，是川菜初步形成的时期。《华阳国志·蜀志》记载："然秦惠、文、始皇克定六国，辄徙其豪侠于蜀，资我丰土，家有盐铜之利，户专山川之材，居给人足，以富相尚。"良好的物质条件，再加上四川当地居民与外来移民在饮食及习俗方面的相互影响与融合，直接促进了川菜的发展。到了唐宋，川菜进入了蓬勃发展时期。当时，四川尤其是成都平原的经济相当发达，人员流动较为频繁，川菜与其他地方菜得以进一步融合、创新。四川地区的菜点制作已精巧美妙，筵宴形式也独具特色，将饮食与游乐有机结合的游宴和船宴已经普遍出现于四川各地，成都更是一年四季都有游宴，场面壮观。明清时期，川菜开始成熟定型。特别是在清代前期，"湖广填四川"的移民现象和经济的复苏，使川菜继承了巴蜀时形成的"尚滋味""好辛香"的调味传统，并增添了善用辣椒调味的新特点。清代末年，川菜在已有的基础上博采各地饮食烹饪之长，进一步发展，逐渐成熟定型，最终形成了一个特色突出且较为完善的地方风味体系。中华人民共和国成立后，尤其是20世纪80年代后，川菜进入了繁荣创新时期。

二、四川风味菜的主要特点

1. 取材广泛，尚本归真

四川境内沃野千里，江河纵横。优越的自然条件，为四川风味提供了丰富而优质的烹饪原料。淡水鱼中的佳品有江团、雅鱼、石爬鱼、鲇鱼、鳙鱼、鲫鱼等；蔬菜中的名特产原料有葵菜、豌豆尖、莴笋、韭黄、红油菜薹、青菜头、薤头、红心萝卜、甜椒等。干杂品如通江、万源的银耳，宜宾、乐山、凉山的竹笋，青川、广元的黑木耳，宜宾、达县的香菇，渠县、南充的黄花菜，均堪称佼佼者。就连生长在田边地头、深山河谷中的野蔬，如侧耳根、马齿苋、苕菜、茼蒿等，也是烹饪川菜的良好原料。川菜取材广泛，但不以食材的古怪和稀缺为号召力，而是以普通、绿色、健康为选材的基本原则，这一点在当今社会尤为值得赞赏和提倡。

2. 调味精湛，丰富多变

川菜调味精湛且丰富多变，其基本味型涵盖麻、辣、甜、咸、酸、苦等，基于此可调配出多种复合味型。历史上，四川历经多次大规模人口迁移，不同地区和民族的人们在此共处，文化交流频繁。这种背景下，各方饮食习俗与烹调技艺在此交汇融合，既带来了新的口味，又受到当地饮食文化的影响，最终形成了四川地区独特且多元的口味体系。其中"尚滋味"的传统，使得四川人注重培育优质的调味品原料，并生产出众多高质量的酿造类调味品。自贡井盐、郫县豆瓣、内江白糖、阆中保宁醋等调味品，品质优良，为川菜的烹饪及调味提供了坚实的物质基础。川菜的调味变化无穷，其常用的复合味型已达25种，丰富多样，既有清爽醇和，也有麻辣浓厚。其中，麻辣味调料的使用极为讲究，以辣椒为例，家常味型需用郫县豆瓣，取其纯正微辣与鲜香；红油味则需用辣椒油，使菜品色泽红亮、辣香四溢；鱼香味则要用泡辣椒，以融入辣味与泡菜风味。各种味型的灵活运用，成就了川菜"一菜一格，百菜百味"的美誉。川菜在调味上的多变，使其形成了清鲜醇浓并重、善用麻辣的独特风味，成为中国烹饪中极具影响力的地方菜系之一。

3. 烹法多样，尤擅炒工

川菜的烹饪方法很多，火候运用极为讲究。据统计，川菜的基本烹饪方法大约有30种，如炒、爆、熘、煎、炸、炝、烘、汆、烫、炖、煮、烧、煸、烩、焖、煨、蒸、烤、卤、拌、泡、渍、糟醉、冻以及油淋、炸收等方法，而一些烹饪方法又可以进行细分，如炒法又再细分为生炒、熟炒、小炒、软炒，蒸法又再细分为清蒸、旱蒸、粉蒸等。因此，川菜常用烹饪技法共计有50多种。众多的川味菜式是用多种烹调方法烹制出来的，每一种技法在烹制川菜时都能各显神通。其中，最能表现川味特色的烹饪方法有小炒、干煸、干烧和家常烧。小炒的经典菜肴有鱼香肉丝、宫保鸡丁等，干煸的代表菜肴有干煸牛肉丝、干煸四季豆等，常见干烧的菜肴则有干烧岩鲤、干烧鲫鱼等，家常烧的菜肴有家常海参、大蒜鲢鱼等。

4. 体系完整、适应性强

现代川菜体系完整、适应性强，涵盖菜肴、面点小吃、火锅三大类型。这三种类型既各具特色，又相互融合，形成了一个完整的川菜体系，能够满足各地、各阶层食客的需求。20世纪末，川菜的品种已达5000种。从制作精细程度和消费层次来看，川菜可以分为适合高档消费的精品川菜和适合中低档消费的大众川菜；从技术特点和历史形成来看，川菜可分为传统川菜和现代创新川菜。现代川菜品类繁多，能够更好地适应不同群体的饮食消费需求，展现出强大的普适性。川菜不仅在国内广受欢迎，还在海外广泛传播。凭借其独特的风味和丰富的菜品，川菜在国际餐饮市场上占据重要地位，成为如今中国饮食文化走向世界的代表之一。

（三）四川风味的组成及代表品种

四川风味主要由川东风味、川西风味、川南风味和川北风味组成。

1. 川东风味

川东风味主要包括重庆以及四川的广元、巴中、达州和广安等地区，以重庆菜为代表。川东风味具有选料广泛、讲究火候、制作新颖、构思巧妙等特点，烹调方法擅长炒、煲、炖等，口味追求香浓味厚，尤重麻辣。其代表品种有麻辣火锅、酸菜鱼、水煮鱼、老鸭汤、酸辣粉、辣子鸡、泉水鸡、灯影牛肉等。

2. 川西风味

川西风味主要包括成都、绵阳一带，以成都菜为代表。川西菜具有原料广泛、取材讲究、制作精细等特点，烹饪方法擅长炒、烧、煸、煎、蒸、炖等，口味追求滋味丰富、清鲜香醇。其代表品种有回锅肉、麻婆豆腐、开水白菜、夫妻肺片、龙抄手、大蒜鲇鱼、鸡蒙葵菜、锅巴肉片、绵阳米粉等。

3. 川南风味

川南风味主要包括宜宾、自贡、内江、泸州、乐山等地，其中较为知名的是自贡盐帮菜。川南菜具有取材精道、讲究原料入味、善用椒姜的特点，烹饪方法以水煮、炖、炸、熘为主，追求口味厚重香浓、鲜辣刺激。其代表品种有水煮牛肉、浓味冷吃兔、菊花火锅、火爆黄喉、豆瓣鱼、富顺豆花、棒棒鸡、宜宾燃面等。

4. 川北风味

川北风味主要包括南充等地。川北菜具有就地取材、讲究火候的特点，烹饪方法擅长炖、炒、煮、蒸、炸等，口味追求制作鲜美清爽、香醇细腻。其代表品种有川北凉粉、顺庆羊肉、原汤酥肉、芙蓉蛋、豆皮蒸肉、椿芽炒蛋等。

第二节 四川风味名菜制作

回锅肉

一、菜品介绍

回锅肉是四川一道家喻户晓、广受欢迎的菜肴,由带皮猪坐臀肉为主料,配以郫县豆瓣、青蒜、甜面酱等一起在锅中煸炒而成,香味扑鼻,又被称为熬锅肉、过门香。也是一道经典的家常味型菜。

二、学习目的

(1)掌握四川传统家常味型菜肴的制作方法。

(2)熟练掌握预熟猪肉的刀工处理技巧。

三、成品标准

(1)味感特征　咸鲜微辣,回味略甜,家常味醇厚。

(2)质感特征　肉质干香滋润。

(3)成色要求　颜色红亮。

四、原料组成

(1)主料　带皮猪坐臀肉250克。

(2)辅料　青蒜100克。

(3)调料　郫县豆瓣30克,盐3.5克,味精1克,白糖3.5克,酱油2.5克,甜面酱9克,姜10克,葱20克,绍酒5克,花椒0.5克,清水1500克,色拉油30克。

五、制作工艺

初加工 — 煮制 — 刀工处理 — 炒制 — 装盘成菜

六、制作步骤

（1）将猪肉和青蒜分别清洗干净。

（2）在锅中加入清水、姜、葱、绍酒、花椒、盐3克，放入猪肉，烧开后转中小火，煮至八成熟，捞起后沥干水分，冷却待用。

（3）将预熟的猪肉切成长5厘米、厚0.15厘米的片状；将青蒜切成马耳朵形。

（4）锅中留油，烧至160℃，加入肉片和0.5克盐煸炒至出油，肉片卷曲呈"灯窝盏"状。

（5）在原锅中放入郫县豆瓣炒香上色后，放入甜面酱炒出香味，再加入酱油、白糖炒匀，加入青蒜炒至断生入味，放入味精炒匀，起锅装盘。

七、制作关键点

（1）猪肉要用大火烧开，转小火煮20分钟至肉刚熟为好，不能煮得太过。煮好的猪肉不宜隔夜使用。

（2）切肉片时要注意大小、厚薄一致。

（3）肉片用中小火慢煸，待肉片出油、呈"灯窝盏"状时再加入郫县豆瓣。

八、课后讨论

（1）肉煮制的火候对成菜有何影响？

（2）猪肉选料部位不同，对回锅肉的品质有何影响？

九、品种拓展

（1）改变主料为牛肉、鱼肉等。

（2）改变辅料为尖椒、青椒、莲花白、韭菜、苕皮、锅盔等。

宫保鸡丁

一、菜品介绍

宫保鸡丁是川菜的又一经典。传说清末四川总督丁宝桢爱吃此菜,因丁宝桢有"太子少保"的头衔,人称"丁宫保",故得名。

二、学习目的

(1)掌握滑炒类菜肴的制作方法及煳辣荔枝味型的调制方法。

(2)了解宫保系列菜肴中因原料不同而导致上浆、滑炒技法及成菜色泽的差异。

三、成品标准

(1)味感特征　咸鲜,微带甜酸,煳辣味浓郁。

(2)质感特征　肉质滑嫩,果仁酥脆。

(3)成色要求　色泽棕红。

四、原料组成

(1)主料　净鸡腿肉150克。

(2)辅料　酥花生仁50克。

(3)调料　干辣椒节10克,花椒1.5克,姜片6克,蒜片15克,葱花25克,盐3克,酱油6克,醋8克,白糖10克,绍酒3克,味精0.5克,鲜汤20克,湿淀粉26克,色拉油40克。

五、制作工艺

初加工 — 刀工处理 — 码味上浆 — 滑炒 — 勾芡 — 装盘成菜

六、制作步骤

(1)将鸡肉切成1.5厘米大小的方丁。

（2）在鸡丁中加入1克盐、绍酒、5克酱油、14克湿淀粉拌匀上劲。

（3）将剩余的盐、白糖、醋、酱油、味精、鲜汤、湿淀粉调成糊辣荔枝味芡汁。

（4）锅中留油，旺火烧至150℃，放入干辣椒节、花椒炒香成棕红色；放入鸡丁炒至变色；放入姜片、蒜片、葱花炒出香味；烹入调好的芡汁，炒匀，收汁亮油，放入花生仁翻炒均匀，起锅装盘。

七、制作关键点

（1）调制芡汁时要注意糖和醋的比例，以及不同比例所体现的味感层次。

（2）鸡丁注意要现上浆现烹制，不宜久放。

（3）注意干辣椒不要炒焦；使用兑汁芡，可缩短烹调时间；烹入芡汁时要注意使用中火收汁。

八、课后讨论

（1）糊辣荔枝味的味型特色和调制关键？

（2）若主料不同，刀工成形、码味上浆和成菜色泽如何控制？

九、品种拓展

（1）改变主料为牛肉、猪肉、兔肉、鱼肉、虾肉、鲜贝、鲜鲍鱼肉、鹅肝等。

（2）改变辅料为酥腰果仁、酥夏威夷果仁、酥扁桃仁、牛肝菌、杏鲍菇等。

麻婆豆腐

一、菜品介绍

清朝同治年间,成都"陈兴盛饭铺"店主之妻陈氏,其精心烹制的豆腐,风味独特。为区别其他烧豆腐,又见她脸有麻痕,食客们便戏称其烹制的豆腐为"麻婆豆腐"。清朝末年,麻婆豆腐便被列为成都著名菜肴,自此扬名海内外。

二、学习目的

(1)掌握红烧类菜肴的制作方法。
(2)熟悉此菜肴的勾芡技法及麻辣味型的调制方法。

三、成品标准

(1)味感特征 麻、辣、鲜、香。
(2)质感特征 豆腐块形态完整,入口虽烫但滑嫩;肉臊酥香浓郁。
(3)成色要求 色泽红亮。

四、原料组成

(1)主料 豆腐350克。
(2)辅料 牛肉臊50克,青蒜20克。
(3)调料 郫县豆瓣35克,辣椒粉10克,花椒粉1.2克,豆豉5克,味精2.5克,酱油6克,鲜汤100克,湿淀粉26克,色拉油50克,清水1000克,盐10克。

五、制作工艺

初加工 — 刀工处理 — 焯水 — 烧制 — 勾芡 — 装盘成菜

六、制作步骤

(1)将豆腐切成1.8厘米大小的方块;青蒜切成马耳朵形;豆豉剁成蓉。

（2）将豆腐块放入煮沸的盐水中（由清水1000克和盐10克调成），再次煮沸，倒入盆中，浸泡10分钟备用。

（3）锅中留色拉油，烧至120℃，放入郫县豆瓣炒香出色，放入豆豉蓉炒香，放入辣椒粉炒香出色，掺入鲜汤，放入豆腐块、牛肉臊、味精、酱油烧开后改小火，使其烧至入味。用湿淀粉分次勾芡，青蒜在最后一次勾芡前放入，收浓亮油，起锅盛入盘中，撒上花椒粉即成。

七、制作关键点

（1）豆腐必须在加盐的沸水中浸烫，在正式烹制放入鲜汤前，才控水备用。

（2）注意要在较低油温下用小火将豆瓣、豆豉蓉、辣椒粉炒香至油红亮，避免加热过度。

（3）咸味是麻辣味型的成味基础，控制好咸味调味品的用量；豆腐需勾浓二流芡，确保收汁亮油（一般可勾2~3次）；为确保豆腐块形整不烂，应用推制勺的技法。

八、课后讨论

（1）选择不同品质的豆腐对成菜品质有何影响？

（2）豆瓣、辣椒粉、豆豉和花椒粉的品质对成菜风味有何影响？

九、品种拓展

（1）改变主料为鸡糕、米凉粉等。

（2）改变辅料为鸡皮、猪肉、鹅肝、酥肉等。

豆瓣鱼

一、菜品介绍

豆瓣鱼是四川经典家常菜。以鲜活鱼类为主料,配以郫县豆瓣烹制而成。此菜的特点是汁色红亮,鱼肉细嫩,豆瓣味浓郁芳香,咸鲜微辣略带酸甜,传统制法以家常味为主,现今则多用鱼香味,酌增糖和醋,味道微带回甜。

二、学习目的

(1)掌握红烧类菜肴的制作工艺流程。
(2)熟练掌握郫县豆瓣的炒制要领及家常味型的调制方法。

三、成品标准

(1)味感特征 咸鲜微辣,略带酸甜。
(2)质感特征 鱼肉鲜嫩,形整不烂。
(3)成色要求 色泽红亮。

四、原料组成

(1)主料 草鱼1条(约650克)。
(2)调料 姜片8克,葱段20克,姜末6克,蒜末12克,葱花22克,郫县豆瓣35克,盐5克,味精1克,糖15克,酱油1克,醋10克,绍酒30克,鲜汤300克,湿淀粉38克,色拉油3500克(其中炸鱼实耗约60克,烧鱼约70克)。

五、制作工艺

初加工 — 刀工处理 — 码味 — 炸制 — 烧制 — 装盘 — 浇汁成菜

六、制作步骤

(1)草鱼去鳞、去鳃、去内脏,清洗整理干净;在鱼身两面各剞5刀。

（2）将鱼用4克盐、20克绍酒、5克姜片、20克葱段码味。

（3）锅中放油，烧至220℃，将鱼炸至皮酥、色浅黄时捞出。

（4）锅中留70克底油，烧至120℃，放入郫县豆瓣炒香上色，加入姜末、蒜末炒香，掺入鲜汤；汤烧开后放入炸好的鱼、糖、酱油、1克盐、10克绍酒、5克醋，烧至鱼回软刚熟时捞出入盘；用湿淀粉勾芡，使汁水收浓出油，加入葱花，淋入剩余的醋，加入味精，炒匀起锅淋在鱼身上。

七、制作关键点

（1）剖刀时应靠近鱼背，刀口深度不宜超过3毫米，鱼身刀口数不超过5个。

（2）为使鱼快速定形，达到形整不烂的效果，炸制油温宜高，时间宜短，大约为3分钟，鱼放入油锅后30秒再翻动。

（3）炒制豆瓣时的温度，应控制在120℃左右，既能保证豆瓣炒香出红油，又不会煳锅。豆瓣炒香上色后再加入姜末、葱花、蒜末炒至出香味。

（4）烧鱼时应注意转小火烧至入味，保持鱼形完整。

（5）勾芡：小火、汤微沸勾浓二流芡。

八、课后讨论

（1）鱼为什么要炸制（或煎制）表皮定形后再烧制？炸制（或煎制）的火候应当如何把握？

（2）醋在烹制此菜中起什么作用？

九、品种拓展

改变主料为鲫鱼、鲈鱼、鳜鱼、石斑鱼、海参、水发鱿鱼等。

鱼香肉丝

一、菜品介绍

鱼香肉丝是四川经典名菜，辣、咸、鲜、酸兼备，葱姜蒜香浓郁，其鱼香味是用不含鱼的调味品调制而成的，此法源于四川民间独具特色的烹鱼调味方法，如今广泛应用于川味热菜中。

二、学习目的

掌握滑炒类菜肴的制作方法及鱼香味型的调制方法。

三、成品标准

（1）味感特征　咸鲜酸甜微辣，姜葱蒜味浓郁。

（2）质感特征　肉质鲜嫩。

（3）成色要求　色泽红亮。

四、原料组成

（1）主料　猪里脊肉150克。

（2）辅料　莴笋100克，水发木耳30克。

（3）调料　泡辣椒末30克，姜末5克，蒜末15克，葱花20克，盐4克，味精1克，白糖15克，醋10克，酱油1克，绍酒1克，湿淀粉30克，鲜汤20克，色拉油35克。

五、制作工艺

初加工 — 刀工处理 — 码味上浆 — 滑炒 — 勾芡 — 装盘成菜

六、制作步骤

（1）将主料、辅料清洗干净，猪肉切成长10厘米、宽0.3厘米的丝；莴笋切成长10厘米、宽0.3厘米的丝，加盐1克腌制3分钟；水发木耳刃成粗丝。

（2）在肉丝中加入1.5克盐、绍酒、20克湿淀粉拌匀上劲。

（3）将1.5克盐、白糖、醋、酱油、味精、鲜汤、10克湿淀粉调成兑汁芡。

（4）锅中放入色拉油，旺火烧至150℃，放入肉丝炒散且颜色发白；放入泡辣椒末炒香上色，再放入姜末、蒜末、葱花炒出香味；放入莴笋丝、木耳丝炒匀；烹入兑汁芡炒匀、收汁亮油，装盘。

七、制作关键点

（1）上浆时应注意厚薄适当。

（2）掌握好各调味品之间的比例及投放时机。

（3）烹入兑汁芡时应根据火力大小，酌情考虑鲜汤、湿淀粉的用量。

（4）控制肉丝炒制时的火候；掌握好泡辣椒的炒制程度。

八、课后讨论

（1）如果没有泡椒，可以用什么调味品代替？

（2）鱼香味型的呈味特色及调制关键有哪些？

九、品种拓展

（1）改变主料为牛肉丝、兔肉丝、肉片、茄子等。

（2）改变辅料为冬笋等。

干烧鱼

一、菜品介绍

干烧鱼是川菜中的一道传统名菜,在制作中以肉末、芽菜为辅料,配合泡椒等特殊调料,采用干烧的烹饪技法,成菜风味浓郁。

二、学习目的

(1)熟练掌握鱼的初加工流程。

(2)掌握干烧类菜肴的制作工艺流程。

三、成品标准

(1)味感特征　咸鲜醇厚。

(2)质感特征　鱼肉细嫩。

(3)成色要求　色泽棕红。

四、原料组成

(1)主料　草鱼1条(约650克)。

(2)辅料　猪肥瘦肉80克,芽菜12克。

(3)调料　泡辣椒段20克,姜末15克,蒜末20克,葱段40克,盐4克,味精2克,胡椒粉1克,绍酒30克,醪糟汁25克,糖色10克,酱油6克,鲜汤900克,芝麻油2克,色拉油1500克(炸鱼实耗约50克,炒肉末实耗约10克,烧鱼实耗约35克)。

五、制作工艺

初加工 — 刀工处理 — 码味 — 炸制 — 烧制 — 收汁 — 装盘成菜

六、制作步骤

(1)将草鱼去鳞、去鳃、去内脏后,用清水洗净,鱼体两侧各剞3刀;将猪肉切成边长约0.5厘米的粒。

（2）草鱼剞刀后加2克盐，10克姜末，15克葱段，20克绍酒码味10分钟。

（3）将码好味的草鱼放入油温为220℃的锅中炸至表皮酥脆时捞起。

（4）在锅中放入10克色拉油，烧至150℃，放猪肉粒煸至干香，加入酱油、0.2克盐、5克绍酒炒至上色后起锅。

（5）另取锅，锅中放入35克色拉油烧热至160℃，放入泡辣椒段，25克葱段炒出香味，加5克姜末、20克蒜末炒香，掺入鲜汤；放入草鱼、猪肉粒、芽菜用大火烧沸后，加1.8克盐、2克味精、1克胡椒粉、10克糖色、5克绍酒、醪糟汁调味，转小火烧制，待收干汁水，鱼肉回软熟透时，放入芝麻油和匀，起锅。

七、制作关键点

（1）炸鱼时应控制好油温，炸至鱼肉表皮颜色棕红。

（2）烧制鱼时要小火烧制，鱼肉要烧回软入味且保证鱼体完整。

（3）用糖色调色最好，一般不用酱油。

（4）不勾芡，自然收汁亮油，因此汁水非常少，只略带浓稠的汁。

八、课后讨论

（1）干烧技法的特点是什么？

（2）如何做到成熟、入味与汁刚好浓稠的统一？

九、品种拓展

（1）改变主料为鲤鱼、鲫鱼、鳜鱼、鲈鱼、大黄鱼、海参、鱼肚、鲍鱼等。

（2）改变辅料为卤肉、冬笋、香菇等。

鸡豆花

一、菜品介绍
鸡豆花作为川菜的传统代表名肴，其形似豆花，口感滑嫩。

二、学习目的
熟练掌握鸡蓉的调制方法。

三、成品标准
（1）味感特征　咸鲜自然。
（2）质感特征　形似豆花，质滑嫩。
（3）成色要求　色泽洁白，汤清澈呈淡茶色。

四、原料组成
（1）主料　净鸡脯肉250克。
（2）辅料　火腿5克，豌豆苗20克，鸡蛋清150克。
（3）调料　盐2克，味精2克，胡椒粉1克，特制清汤1600克，湿淀粉45克，姜葱水150克。

五、制作工艺

初加工 — 制蓉 — 调浆 — 煮制 — 装碗成菜

六、制作步骤
（1）将鸡脯肉剁成蓉；豌豆苗择洗干净；火腿切成纽末。
（2）将豌豆苗沸水断生，捞出待用。
（3）鸡脯肉蓉中加姜葱水、鸡蛋清、湿淀粉、盐、胡椒粉、味精搅匀制成鸡浆。
（4）锅中加特制清汤烧开，搅转清汤，将鸡浆倒入锅中，烧至微沸，待鸡浆凝结后转小火保温10分钟,然后连同汤盛入容器内,放入断生的豌豆苗,撒上火腿末即成。

七、制作关键点
(1)鸡脯肉要剁成细蓉,越细越好。
(2)调浆时要掌握好姜葱水、鸡蛋清、湿淀粉的比例。
(3)火力控制恰当,待鸡蓉凝结后应转小火烹制。

八、课后讨论
(1)特制清汤如何制作?
(2)为什么要选择鸡脯肉?应选择什么样品质的鸡脯肉?

九、品种拓展
(1)改变主料为鱼肉、羊肉等。
(2)改变辅料为小白菜心、黑松露、虫草菌菇等。

太白鸡

一、菜品介绍
相传，太白鸡是唐代诗人李白在四川生活时酷爱的菜肴，因其字"太白"而得名。

二、学习目的
（1）了解火候对菜肴质地的影响。
（2）掌握干烧的烹调方法。

三、成品标准
（1）味感特征　味咸鲜，微辣回甜。
（2）质感特征　肉质软香。
（3）成色要求　色泽红亮。

四、原料组成
（1）主料　土公鸡腿500克。
（2）调料　干辣椒段10克，泡辣椒段50克，八角2个，花椒0.2克，姜片12克，葱段20克，盐5克，味精1克，白糖2克，醪糟汁10克，绍酒10克，胡椒粉0.5克，糖色10克，芝麻油2克，鲜汤300克，色拉油1000克（实耗约50克）。

五、制作工艺
初加工 — 刀工处理 — 码味 — 过油 — 烧制 — 收汁 — 装盘成菜

六、制作步骤
（1）将鸡腿去骨后，斩成3厘米大小的方块。
（2）将鸡肉块用5克姜片、10克葱段、5克绍酒、1克盐码味。
（3）将鸡肉块放入190℃的油温中炸至表面呈浅黄色后捞出。

（4）锅中留油40克加热至120℃，下入干辣椒段、泡辣椒段、7克姜片、10克葱段炒香，掺入鲜汤，放入鸡块、4克盐、醪糟汁、白糖、5克绍酒、胡椒粉、八角、糖色、花椒烧开，撇去浮沫，转小火烧至熟软，待汤汁收干时取出部分干辣椒段、泡辣椒段，再加入味精、芝麻油，收汁亮油后起锅装盘。

七、制作关键点
（1）鸡腿去骨、斩块时应注意形态均匀。
（2）控制油温和火候，应注意小火烧制。
（3）调料相互配伍，应突出咸鲜微辣的口味特点。

八、课后讨论
（1）鸡肉品种如何选择？
（2）如何突出该菜肴的特色？

九、品种拓展
改变主料为鸭肉、兔肉、牛蛙等。

雪花鸡淖

一、菜品介绍

雪花鸡淖是改变主料原本形态的一道经典菜品，此菜是将鸡脯肉制成泥蓉，用鸡蛋清、湿淀粉调制，再调以盐等调味品，经软炒而成。

二、学习目的

（1）掌握软炒的基本技法。

（2）熟悉软炒菜肴浆汁的调制要领。

三、成品标准

（1）味感特征　味咸鲜。

（2）质感特征　鸡肉滑嫩。

（3）成色要求　色白如雪。

四、原料组成

（1）主料　鸡脯肉150克。

（2）辅料　熟火腿15克。

（3）调料　鸡蛋清100克，盐2.5克，味精2克，胡椒粉0.2克，姜葱水50克，热鲜汤180克，湿淀粉22克，猪油20克，色拉油50克。

五、制作工艺

初加工 — 制蓉 — 调浆 — 炒制 — 装盘成菜

六、制作步骤

（1）将鸡蛋清打发成半发蛋泡；鸡脯肉用机器制成鸡蓉。

（2）将熟火腿剁成末。

（3）将鸡蓉分次加入姜葱水、蛋泡、盐、味精、胡椒粉、湿淀粉，用力搅匀成鸡浆。

（4）在锅中加入猪油及色拉油，烧至200℃，在鸡浆中加入热鲜汤调匀，倒入油内炒成云朵状；成熟后装盘，撒上熟火腿末即可。

七、制作关键点

（1）制蓉时，鸡脯肉一定要搅打细，不能有颗粒。

（2）调制鸡浆时，蛋清要打发成蛋泡；掌握好湿淀粉、鲜汤的比例。

（3）炒制前加热鲜汤。

八、课后讨论

（1）调制鸡蓉的时候为什么要用凉的姜葱水？下锅前调制鸡浆要用热鲜汤？

（2）如何保持此菜洁白的色泽？

（3）鸡浆与鸡蓉的区别是什么？

九、品种拓展

（1）改变主要原料为鱼肉、羊肉等。

（2）改变辅料为黑松露、鱼子酱、江珧柱等。

椒麻鸡片

一、菜品介绍

椒麻鸡片是川菜中非常著名的一道凉菜。选用以青葱叶与花椒剁制成的椒麻糊，经调制后与鸡片拌制，风味独特。

二、学习目的

（1）掌握椒麻糊的制作方法。

（2）掌握鸡片的煮制火候及椒麻味汁的调制方法。

三、成品标准

（1）味感特征　咸鲜微麻，清香味纯。

（2）质感特征　鸡肉呈浅棕黄色，酱汁呈绿褐色。

（3）成色要求　肉质细嫩。

四、原料组成

（1）主料　鸡腿130克。

（2）辅料　椒麻糊25克，莴笋50克。

（3）调料　盐7克，味精2克，酱油0.5克，鲜汤50克，芝麻油7克，姜片5克，大葱5克，绍酒5克。

五、制作工艺

初加工 — 刀工处理 — 调制味汁 — 装盘成菜

六、制作步骤

（1）将鸡腿冷水下锅，加入姜片、大葱、绍酒，用大火烧开后撇去浮沫，煮至鸡肉刚熟时关火，用原汤浸泡至冷后捞出，去除鸡骨备用。

（2）将莴笋去皮洗净后，切成菱形片；熟鸡腿肉用斜刀法片成薄片。

（3）将椒麻糊、6克盐、味精、酱油、鲜汤、芝麻油调成椒麻味汁。

（4）在切好的莴笋片中放入1克盐码味，垫于盘底；鸡片经垫底、围边、盖面三步后装盘。

（5）将调制好的椒麻味汁淋于鸡片上面即可。

七、制作关键点

制作椒麻糊时，花椒先要用水浸泡，与小葱葱青一起剁细，二者重量比例为1∶5，调制出的味汁呈绿褐色。

八、课后讨论

（1）凉菜制作过程中，对熟鸡肉的刀工成形需注意什么？

（2）不同的形状在装盘时需要如何区别对待？

九、品种拓展

（1）改变主料为熟猪舌、熟猪肚、熟毛肚、熟鲍鱼、熟海螺、熟鱿鱼、熟墨鱼等。

（2）改变辅料为黄瓜、乳瓜、白芦笋等。

夫妻肺片

一、菜品介绍

夫妻肺片是四川经典名菜,常以牛肉、牛肚、牛头皮、牛心、牛舌等原料,先经白卤成熟,切薄片,再配以麻辣味汁浇在上面,色泽美观,质嫩味鲜,麻辣浓香。

二、学习目的

(1)掌握凉菜中"麻辣味"的调制方法。

(2)熟练掌握熟牛杂的刀工处理方法。

三、成品标准

(1)味感特征 麻辣味浓。

(2)质感特征 肉质软熟。

(3)成色要求 色泽红亮。

四、原料组成

(1)主料 牛腱子肉1000克,牛头皮1000克,牛金钱肚1000克,牛舌1000克,干辣椒节10克,花椒5克,山柰20克,白芷15克,草果30克,荜拨5克,小茴香30克,丁香3克,香叶4克,排草10克,白胡椒粒20克,盐300克,老姜100克,绍酒50克,清水15千克。

(2)辅料 盐酥花生仁碎15克,芹菜50克,大葱20克,小葱10克,熟芝麻5克。

(3)调料 味精5克,辣椒油75克,花椒粉3克,芝麻油2克,白卤汁20克。

五、制作工艺

初加工 — 腌制 — 卤制 — 刀工处理 — 装盘 — 淋味汁成菜

六、制作步骤

（1）各种原料按要求初加工洗净。

（2）牛腱子肉、牛舌另加盐20克、江津白酒搓揉拌匀，放入冰箱冷藏12~16小时。

（3）牛腱子肉、牛舌、牛金钱肚、牛头皮入冷水锅，烧开后打去浮沫，待水变清澈时，捞出，用清水冲洗干净。

（4）将不锈钢桶洗净后，加入清水，放入干辣椒节、花椒、山奈、白芷、草果、荜拨、小茴香、丁香、香叶、排草、白胡椒粒、盐、老姜、绍酒烧开，再放入牛腱子肉、牛舌、牛金钱肚、牛头皮，烧开后改小火，卤1~2小时。根据原料成熟度，熟软时即可捞出冷却。

（5）将卤好冷却的牛腱子肉、牛舌、金钱肚、牛头皮分别取35克，改刀成厚度为0.1厘米的薄片；盐酥花生仁用刀碾碎，芹菜切成2.5厘米长的段，大葱切成马耳朵形片，小葱切成葱花。

（6）将味精、辣椒油、花椒粉、芝麻油、白卤汁调成味汁。

（7）取餐盘，将大葱片、芹菜段垫底，将改刀后的牛腱子肉、牛肚、牛头皮、牛金钱肚均匀码放，淋上味汁，撒上葱花、花生仁碎、熟芝麻即可。

七、制作关键点

（1）白卤牛肉及牛杂时，可以加入适量白萝卜去腥提味。

（2）切熟牛肉和牛杂时，刀刃要锋利，推拉力量要均匀，使肉片厚薄均匀。

八、课后讨论

（1）白卤牛肉和牛杂的火候应怎样控制？

（2）白卤汁的调制关键点是什么？

九、品种拓展

（1）改变主料为猪舌、猪肚、毛肚、鲍鱼等。

（2）改变辅料为黄瓜、白芦笋等。

冷吃牛肉

一、菜品介绍

冷吃牛肉是四川特色传统美食之一,以牛肉为主料,配以干辣椒、花椒和香辛料煸炒而成。既是当地熟食售卖的畅销品种,又是佐酒佳肴。

二、学习目的

(1)掌握凉菜中麻辣味型的调制方法。

(2)熟练掌握冷吃系列的加工技法。

三、成品标准

(1)味感特征 麻辣香鲜。

(2)质感特征 干香滋润,入口即化。

(3)成色要求 色泽红亮。

四、原料组成

(1)主料 黄牛腿肉150克。

(2)调料 干辣椒30克,花椒3克,姜15克,盐2克,味精3克,白糖3克,绍酒2克,五香粉1克,辣椒油15克,熟芝麻2克,芝麻油1克,牛肉汤100克,色拉油50克。

五、制作工艺

初加工 — 刀工处理 — 煸炒 — 收汁 — 装盘成菜

六、制作步骤

(1)将干辣椒去蒂去籽切成丝,姜切成粗丝;牛肉切成头粗丝,用清水漂净血水,沥干水分。

（2）锅热放油，加入牛肉丝、姜丝，煸炒至水分散干，底油变清澈时，下入干辣椒丝、花椒炒香，掺入牛肉汤烧开，用盐、味精、白糖、绍酒、五香粉调味，小火收干汤汁后，加入辣椒油、芝麻油，撒上熟芝麻起锅，冷却后装盘即成。

七、制作关键点
（1）应选用新鲜的黄牛腿肉。
（2）应使用小火长时间收汁。

八、课后讨论
（1）冷吃技法中的收汁与炸收中的收汁有何异同？
（2）收汁的火候应如何把握？

九、品种拓展
改变主料为猪肉、兔肉、羊肉、鸭肉等。

花椒鸡丁

一、菜品介绍

花椒鸡丁是川菜经典名菜,以鸡腿肉为主料,辅以干辣椒、花椒、盐、料酒等调料调味,采用炸收技法制作而成。

二、学习目的

(1)掌握炸收类菜肴的制作方法及麻辣味型的调制方法。

(2)了解炸收系列菜品中因原料不同而采用的油炸温度、收汁技法及成菜色泽的差异。

三、成品标准

(1)味感特征　麻辣香鲜,回味略甜。

(2)质感特征　干香滋润,入口即化。

(3)成色要求　色泽红亮。

四、原料组成

(1)主料　净鸡腿肉200克。

(2)调料　干辣椒节10克,花椒2克,老姜15克,大葱葱白25克,盐4克,味精1克,白糖2克,绍酒15克,嫩糖色20克,鲜汤300克,芝麻油1克,色拉油1000克(实耗约80克)。

五、制作工艺

初加工 — 刀工处理 — 码味 — 炸制 — 收汁 — 校味装盘

六、制作步骤

（1）将鸡腿斩成1.8厘米大小的方丁；将老姜拍破；将大葱葱白切段。

（2）将鸡丁加2克盐、10克绍酒、5克老姜、15克葱段码味。

（3）色拉油烧至160℃，放入鸡丁炸制，表面水分略干后捞出；将油温回升至220℃时，放入鸡丁复炸至外酥内嫩，呈浅黄色捞出。

（4）在锅中留油40克，烧至120℃，放入10克老姜、10克葱段，煸香，放入干辣椒节、花椒炒至棕红色，放入鸡丁，掺入鲜汤，调入白糖、2克盐、5克绍酒、味精、糖色收汁，用中小火加热至油亮微带汁时，加芝麻油推匀起锅。

（5）冷却后校正口味，装盘。

七、制作关键点

（1）鸡腿应斩成大小一致的方丁。

（2）炸鸡丁时，第一次油温160℃，炸至定形；第二次油温220℃，炸至色泽呈浅黄。

（3）炒制嫩糖色时，冰糖与清水的比例为1∶2。

（4）炒制干辣椒时，以色泽褐红为佳。

（5）收汁的时间一定要够，火力应较小，否则不入味。

八、课后讨论

（1）炸收菜肴的色泽受哪些因素影响？

（2）鸡腿肉的品质对该菜肴成品品质的影响有哪些？

九、品种拓展

改变主料为牛肉、排骨、猪肉、兔肉、羊肉、鸭肉等。

葱酥鱼条

一、菜品介绍

葱酥鱼是川菜中非常有名的一道菜，它以泡椒、香菇、冬笋、大葱提味，骨酥肉香，鲜美可口，备受欢迎。

二、学习目的

（1）掌握凉菜炸收烹调方法的技巧。

（2）了解因原料的不同，炸收类菜肴在炸制火候上的区别。

三、成品标准

（1）味感特征　咸鲜味醇，葱香浓郁。

（2）质感特征　酥香滋润。

（3）成色要求　色泽橙红。

四、原料组成

（1）主料　草鱼肉200克。

（2）辅料　大葱葱白100克，玉兰片30克，水发香菇16克。

（3）调料　泡红辣椒12克，姜片16克，盐5克，味精1克，胡椒粉1克，绍酒15克，醪糟汁10克，糖色15克，醋3克，鲜汤200克，芝麻油1克，色拉油1500克（其中炸鱼实耗约30克，收汁实耗约20克）。

五、制作工艺

初加工 — 刀工处理 — 码味 — 炸制 — 烹制、收汁 — 装盘

六、制作步骤

（1）将主料、辅料洗净待用。

（2）将鱼肉切成长6厘米的段，再顺切成边长为2厘米的条；将水发香菇、玉兰片切薄片；将葱白切段；泡红辣椒去籽切段待用。

（3）将鱼肉用2克盐、8克绍酒、10克葱段、8克姜片码味。

（4）锅中加入色拉油，烧至220℃，将鱼肉逐段下锅，炸至金黄色捞出。

（5）锅中留20克底油，烧至120℃，下入葱段煸香，表皮微黄，再下入泡辣椒段、玉兰片、香菇片炒香。将鱼肉放在辅料上，调入鲜汤，再用3克盐、糖色、醋、味精、胡椒粉、醪糟汁调味，用小火烧至汤汁浓缩一半时，将鱼条翻面一次，用中小火加热至油亮微带汁时，加入芝麻油起锅；冷却装盘。

七、制作关键点

（1）选择草鱼时，应选重量不小于1500克/条的规格，再取鱼肉。

（2）切鱼条时，注意下刀方向，尽量大小、长短一致。

（3）炸鱼的油温应控制在220℃，避免散烂或炸煳。

（4）收汁时用中小火，时间要适当，过久鱼肉易碎；过短鱼肉则不入味。

八、课后讨论

（1）如何保持鱼条成形完整美观？

（2）调味时应注意哪些关键点？

九、品种拓展

改变主料为鲫鱼、小黄鱼、带鱼等。

山椒凤爪

一、菜品介绍

山椒凤爪起源于四川泡菜,是川式"荤泡菜"的代表,既是一道街边小吃,又是一道餐厅特色凉菜。

二、学习目的

(1)掌握"荤泡菜"的制作工艺流程。

(2)掌握用于"荤泡菜"的动物性原料焯水方法和要领。

三、成品标准

(1)味感特征 咸鲜酸辣。

(2)质感特征 爽脆适口。

(3)成色要求 色泽自然。

四、原料组成

(1)主料 鲜鸡爪500克。

(2)辅料 野山椒200克,胡萝卜50克,西芹50克,洋葱50克,鲜柠檬片20克。

(3)调料 小米椒20克,姜片20克,大蒜20克,葱节40克,香菜梗50克,青蒜50克,芹菜50克,花椒4克,盐15克,味精10克,白糖5克,绍酒50克,白醋15克,泡山椒水100毫升,老泡菜水400毫升,矿泉水500毫升。

五、制作工艺

初加工 — 刀工处理 — 初步熟处理 — 腌泡 — 装盘

六、制作步骤

(1)将鲜鸡爪去指尖,对斩两半,用5克盐、20克葱节、10克姜片、20克绍酒、白醋码味；胡萝卜洗净切成筷子条；西芹去叶、筋后切成段；野山椒去蒂后对半剖开；大蒜拍破；洋葱切成块；小米椒切成粒。

（2）在沸水中加入2克花椒、30克绍酒、10克姜片、20克葱片烧沸，加入鸡爪，大火烧开撇去浮沫，转小火煮至鸡爪断生捞出，用纯净水漂凉。

（3）盛具中调入10克盐、老泡菜水、泡山椒水、矿泉水、野山椒节、柠檬片、洋葱块、香菜梗、青蒜、芹菜、大蒜、白糖、小米椒粒、味精、2克花椒，静置一段时间成泡菜水。将鸡爪、胡萝卜条、西芹段放入泡菜水中，放入冷藏环境中腌泡4~8小时捞出。

七、制作关键点

（1）鸡爪改刀后，应反复用清水冲洗。

（2）煮制鸡爪时，以刚熟为最佳。

（3）腌泡时间及保藏须知：如有多种动植物性食材，应分别腌泡，保证成熟度一致；腌泡时应放置在冰箱冷藏。

八、课后讨论

（1）制作山椒泡菜水的要领是什么？

（2）哪些原料适合此方法烹饪？

九、品种拓展

改变主料为猪耳朵、鲜笋、茭白、西芹、芦笋等。

清汤鸡丸

一、菜品介绍

清汤鸡丸是改变主料形态的一道菜品,常说"吃鸡不见鸡、吃鱼不见鱼",指的就是这类改变主料形态的菜品,在鸡蓉中加入猪肥膘、鸡蛋清挤作丸状,配以高级清汤制作而成。

二、学习目的

(1)掌握肉丸类菜肴的制作方法及清汤类菜品的制作方法。

(2)了解清汤系列菜品中因原料不同、成菜要求不同而导致制作技法及成菜色泽的差异。

三、成品标准

(1)味感特征　味道鲜美。

(2)质感特征　肉质细嫩,汤色清澈。

(3)成色要求　鸡丸色白净。

四、原料组成

(1)主料　鸡脯肉200克。

(2)辅料　豌豆尖80克,鸡蛋清65克,猪肥膘蓉20克。

(3)调料　盐3克,味精3克,胡椒粉1克,湿淀粉30克,姜葱水65克,高级清汤1000克。

五、制作工艺

初加工 — 制蓉 — 打糁 — 挤丸子 — 煮制 — 装碗成菜

六、制作步骤

（1）将鸡脯肉去掉筋膜，用木棍或刀背捶打或用机器搅打成细蓉；将豌豆尖整理洗净，放入汤碗中。

（2）在鸡肉蓉中依次加入姜葱水、猪肥膘蓉、鸡蛋清、盐、湿淀粉、味精、胡椒粉用力搅打成糁。

（3）锅中加入高级清汤，小火加热保持微沸，将鸡糁挤成直径为2厘米的丸子入锅，煮至成熟，连汤盛入汤碗中。

七、制作关键点

（1）制作鸡肉蓉时，一定要去净筋膜。

（2）打糁时要顺着一个方向搅打上劲；姜葱水要少量多次地加入；注意调料加入的顺序。

（3）煮鸡丸时，清汤的温度应保持在90℃，煮2分钟。

八、课后讨论

（1）打糁的技术要领有哪些？

（2）汆制鸡丸的火候怎么控制？

九、品种拓展

（1）改变主料为鱼肉、牛肉等。

（2）改变辅料为小白菜心、上海青菜心等。

水煮牛肉

一、菜品介绍

水煮牛肉是一款传统经典川菜,运用水煮的烹调方法,口味属于麻辣味型,此菜麻、辣、鲜、香、烫,深受广大食客喜爱。

二、学习目的

掌握水煮类菜肴的制作工艺及热菜中麻辣味型的调制方法。

三、成品标准

(1)味感特征 咸鲜麻辣味浓。

(2)质感特征 肉片鲜嫩,辅料清香。

(3)成色要求 色泽红亮。

四、原料组成

(1)主料 牛里脊肉150克。

(2)辅料 莴笋尖100克,芹菜50克,青蒜50克,香菜10克。

(3)调料 郫县豆瓣50克,花椒3克,干辣椒10克,盐3克,酱油3克,味精3克,绍酒6克,鲜汤500克,葱姜水30克,湿淀粉60克,色拉油100克。

五、制作工艺

初加工 — 刀工处理 — 码味上浆 — 水煮 — 装碗 — 淋油成菜

六、制作步骤

(1)将牛里脊肉、莴笋尖、芹菜、青蒜、香菜分别洗净,沥干水分。

(2)将牛里脊肉切成薄片;莴笋尖切成薄片;芹菜、青蒜分别切成5厘米的段;豆瓣剁细。

（3）在牛里脊肉片中加入1克盐、2克绍酒后，分次加入姜葱水，抓拌上劲，加入湿淀粉拌匀备用。

（4）锅内加5克油，下入干辣椒、花椒小火炒香，冷却后加工成碎末即成双椒末。

（5）锅中加10克油，旺火烧至180℃，放入莴笋尖、青蒜段、芹菜段，加入2克盐，炒至断生起锅装入汤碗。

（6）锅中加35克油，烧至120℃，下入郫县豆瓣炒香出色，加入鲜汤、酱油、味精、4克绍酒烧开。将肉片抖散后下锅，待肉片煮至刚熟时，起锅倒在辅料上，撒上双椒末。

（7）锅洗净，加50克油，烧至200℃，将热油淋浇于双椒末上面，出香味后，放上香菜即可。

七、制作关键点

（1）刀工处理时，应注意主料、辅料的大小、厚薄均匀。

（2）码味上浆时，肉片宜上浓浆，成菜时不宜勾芡。

（3）辅料熟处理时，可以采用炒或焯水的方法，加热至刚断生为佳。

（4）加工双椒末时，炒干辣椒、花椒的火候要掌握好，不能炒焦。

（5）烹制时，肉片刚入锅不宜马上推动，待肉片表面淀粉开始糊化时，才可拨散肉片，否则易脱浆。

（6）淋油时，油温要高。

八、课后讨论

（1）制作水煮系列菜肴时，不同的主料在刀工处理上有什么不同？

（2）煮制的火候如何控制？

九、品种拓展

（1）改变主料为鱼肉、猪肉、毛肚、黄喉、鳝鱼等。

（2）改变辅料为豆芽、青笋等。

酸菜鱼

一、菜品介绍

酸菜鱼是川菜中广受欢迎的一道家常菜品,以草鱼肉为主料,再加以泡青菜、野山椒等烹制而成,其质地滑嫩、咸鲜酸辣。

二、学习目的

(1)熟练掌握鱼的初加工流程。

(2)掌握鱼片改刀技巧。

(3)熟练掌握炒制泡菜类调味料的火候要求。

三、成品标准

(1)味感特征　咸鲜酸辣,香味浓郁。

(2)质感特征　肉质鲜嫩。

(3)成色要求　色泽自然。

四、原料组成

(1)主料　草鱼肉片500克。

(2)调料　野山椒100克,泡青菜茎200克,蒜末20克,姜末10克,葱花25克,花椒1克,盐2克,味精3克,胡椒粉5克,蛋清淀粉糊100克,绍酒20克,色拉油80克,鲜汤1500克。

五、制作工艺

初加工 — 刀工处理 — 码味上浆 — 炒制 — 煮 — 装盘成菜

六、制作步骤

(1)将鱼肉斜刀片成厚0.4厘米的片;泡青菜茎切成粗丝;野山椒剁细。

（2）在鱼片中加1克盐、绍酒、胡椒粉1克、味精1克、蛋清淀粉糊拌匀上劲。

（3）锅内放入60克色拉油，下入泡青菜茎、50克野山椒末炒香后，下入姜末、10克蒜末炒香，掺入鲜汤，加入1克盐、4克胡椒粉、花椒、2克味精，熬出香味，将泡青菜茎捞出装入盆中。

（4）在原锅鲜汤中放入鱼片，滑散成熟倒入盆中，撒上蒜末、50克野山椒末、25克葱花。另取锅，锅中放入20克油，烧至200℃，淋于菜肴上即可。

七、制作关键点
（1）此菜汤汁稍宽，保持汤汁不浑。
（2）鱼片加热时间应短，刚熟即可。

八、课后讨论
（1）酸菜的风味及品质对成品风味及品质有何影响？
（2）鱼片煮制的火候如何控制？

九、品种拓展
（1）改变主料为肥牛、毛肚、黄喉、羊肉等。
（2）改变辅料为土豆粉等。

毛血旺

一、菜品介绍

毛血旺是一道经典川菜,以鸭血(或猪血)为主料,搭配毛肚、黄喉、豆芽等辅料,配以麻辣鲜香烫的汤汁,鲜美可口,深受广大食客的喜爱。

二、学习目的

(1)掌握水煮类菜肴的制作方法。

(2)掌握该菜品各种调料之间的关系。

三、成品标准

(1)味感特征　味咸鲜麻辣,香味浓郁。

(2)质感特征　血旺细嫩,毛肚黄喉爽脆。

(3)成色要求　色泽红亮。

四、原料组成

(1)主料　鸭血700克。

(2)辅料　毛肚100克,黄喉100克,去骨鳝鱼50克,黄豆芽150克。

(3)调料　火锅底料80克,姜末5克,蒜末20克,葱花5克,干辣椒节15克,花椒3克,盐2克,味精5克,酱油2克,绍酒5克,芝麻油5克,鲜汤600克,色拉油100克。

五、制作工艺

初加工—刀工处理—配菜—初步熟处理—烹制—装盘—淋油成菜

六、制作步骤

(1)将豆芽掐根洗净;毛肚、黄喉分别洗净。

(2)将鸭血切成长5厘米、宽4厘米、厚0.4厘米的片;毛肚、黄喉分别切片;鳝鱼改刀成段。

（3）锅中烧水，沸腾后，放入豆芽煮至断生，捞出放入餐盘中垫底；然后放入鸭血片、毛肚片、黄喉片、鳝鱼段分别汆水。

（4）锅中加入50克色拉油，加热至油温150℃，放入姜末炒香，加入火锅底料略炒出香味，掺入鲜汤，用盐、味精、酱油、绍酒调味。烧开后，加入鸭血烧煮入味，再放入毛肚片、黄喉片、鳝鱼段略烧，起锅倒入用黄豆芽垫底的餐盘中，淋入芝麻油，撒上蒜末。

（5）锅洗净，烧50克油，加热至油温180℃时，用手勺舀起热油，放入干辣椒节、花椒炸出香味，迅速淋在蒜末上，再撒上葱花即可。

七、制作关键点
（1）刀工处理时，鸭血片应大小、厚薄一致。
（2）炒火锅底料时，温度不宜过高、火力不宜过大，避免炒煳。
（3）淋热油时，油温控制准确，既出香味，又要避免炸煳。

八、课后讨论
（1）烹制此菜应选择哪种风味及品质的火锅底料？
（2）多种主料的预熟火候如何控制？

九、品种拓展
改变主料为鲜鱿鱼、鲜八爪鱼等。

干煸牛肉丝

一、菜品介绍

干煸牛肉丝是川菜中最能体现刀工与火候的菜品之一,此菜以牛里脊肉为主料,配以芹菜、青蒜,再以郫县豆瓣、花椒粉等调料调味。

二、学习目的

(1)掌握干煸类菜肴的制作方法及麻辣味型的调制。

(2)了解动物性原料在干煸时,因原料不同而味型调制的差异性。

三、成品标准

(1)味感特征　麻辣鲜香。

(2)质感特征　质地干香滋润。

(3)成色要求　色泽棕红。

四、原料组成

(1)主料　牛里脊肉250克。

(2)辅料　芹菜50克,青蒜20克。

(3)调料　姜丝5克,蒜丝10克,郫县豆瓣35克,味精0.5克,白糖1克,花椒粉1.5克,料酒15克,芝麻油5克,色拉油70克。

五、制作工艺

初加工 — 刀工处理 — 配菜 — 烹制 — 装盘成菜

六、制作步骤

(1)将牛里脊肉、芹菜、青蒜分别清洗干净。

(2)将牛肉切成长10厘米、0.4厘米见方的丝;芹菜切成长3.5厘米的段;青蒜切成长3.5厘米的段,对剖两半,再对剖。

(3)将牛肉丝装入码斗中,姜丝、蒜丝、芹菜、青蒜装入盘中。

(4)锅中放入色拉油,旺火烧至180℃,下入肉丝煸炒出油,放入郫县豆瓣炒香出色。再放入姜丝、蒜丝炒匀出香味;放入芹菜段、青蒜段炒至断生,加入料酒、味精、花椒粉、白糖炒匀,最后加入芝麻油装盘。

七、制作关键点
(1)刀工处理时,牛肉丝应长短、粗细均匀。
(2)在肉丝下锅前,应热锅冷油炙锅,以免肉丝粘锅,影响成菜质量。
(3)烹制时,煸炒程度达到干香,油变清亮,但又不能煸炒焦煳。
(4)调味时,注意调料投放顺序。

八、课后讨论
(1)干煸技法的技术要领是什么?
(2)不同原料在制作成干煸菜肴时,火候应如何控制?

九、品种拓展
(1)改变主料为干鱿鱼、猪肉等。
(2)改变辅料为土豆、茭白等。

粉蒸肉

一、菜品介绍

粉蒸肉是四川地区经典家常菜。将肉片与米粉、郫县豆瓣、豆腐乳汁、刀口花椒等调味品拌和后、再经蒸制而成。

二、学习目的

（1）掌握蒸类菜肴的制作工艺流程。

（2）重点掌握主料与各种调料之间的比例关系。

三、成品标准

（1）味感特征　麻辣咸鲜，味道浓厚。

（2）质感特征　肉质软糯。

（3）成色要求　色泽棕红。

四、原料组成

（1）主料　带皮猪五花肉150克。

（2）辅料　鲜豌豆150克。

（3）调料　米粉50克，姜末2克，刀口花椒5克，郫县豆瓣30克，盐2克，味精0.5克，白糖1克，酱油5克，绍酒3克，豆腐乳汁3.5克，醪糟汁5克，糖色6克，鲜汤50克，生菜籽油10克，色拉油50克。

五、制作工艺

初加工 — 煮制 — 过油走红 — 刀工处理 — 定碗 — 蒸制 — 装盘成菜

六、制作步骤

（1）将主料、辅料清洗整理。

（2）将五花肉切成长10厘米、厚0.3厘米的片。

（3）锅中倒入色拉油，烧至100℃，下入郫县豆瓣炒香，制成油酥豆瓣。

（4）在肉片中加入1克盐、酱油、绍酒、油酥豆瓣、刀口花椒、醪糟汁、姜末、白糖、豆腐乳汁、味精、糖色拌匀，再加入40克米粉、40克鲜汤、生菜籽油拌匀，静置腌制5分钟。

（5）将肉片整齐摆入蒸碗内，摆成"一封书形"，将鲜豌豆放入腌肉的容器内加1克盐、10克米粉、10克鲜汤拌匀，装入肉片上。

（6）将定好碗的肉片放入蒸笼用大火蒸至软熟，然后再翻扣入盘即可。

七、制作关键点

（1）肉片在进行刀工处理时要注意大小、厚薄均匀。

（2）猪肉选用带皮五花肉；米粉不宜选用过细的精制米粉。

（3）掌握好米粉与鲜汤的使用量；控制好糖色、酱油与郫县豆瓣的用量。

（4）旺火长时间蒸制时，要随时观察笼锅内的水，避免干锅而影响成菜风味。

八、课后讨论

（1）米粉如何制作？

（2）蒸制的火候应如何控制？

九、品种拓展

（1）改变主料为羊肉、牛肉、鱼肉等。

（2）改变辅料为土豆、青豆、红薯等。

参考文献

[1] 张海豹，徐孝洪. 川菜制作工艺［M］. 北京：中国轻工业出版社，2024.
[2] 潘涛. 菜肴制作技术标准化教程（川菜篇）［M］. 成都：西南交通大学出版社，2011.
[3] 龙青蓉. 川菜制作技术实验教程［M］. 成都：四川人民出版社，2000.
[4] 马素繁. 川菜烹调技术［M］. 成都：四川教育出版社，2009.
[5] 李新. 川菜烹饪事典［M］. 成都：四川科学技术出版社，2009.
[6] 王红明. 中国鲁菜制作图解［M］. 长春：吉林科学技术出版社，2001.
[7] 包丕满. 鲁菜制作工艺［M］. 北京：中国劳动社会保障出版社，2004.
[8] 庄永全，王振才. 中式热菜制作［M］. 北京：高等教育出版社，2020.
[9] 何顺斌. 山东菜烹饪教程［M］. 北京：中国轻工业出版社，2007.
[10] 尹敏. 广东菜制作技术［M］. 成都：四川科学技术出版社，2009.
[11] 陈忠明. 江苏风味菜点［M］. 上海：上海科学技术出版社，2000.
[12] 熊四智，唐文. 中国烹饪概论［M］. 北京：中国商业出版社，1998.
[13] 杜莉. 中国烹饪概论［M］. 北京：中国轻工业出版社，2019.
[14] 王学泰. 中国饮食文化［M］. 北京：中华书局，1983.
[15] 闵二虎，穆波. 中国名菜［M］. 重庆：重庆大学出版社，2019.
[16] 嵇步峰. 中国名菜［M］. 北京：中国纺织出版社，2008.
[17] 杜莉. 川菜文化概论［M］. 成都：四川大学出版社，2003.
[18] 谢定源. 新概念中华名菜［M］. 上海：上海辞书出版社，2004.
[19] 广东饮食服务公司. 中国名菜谱——广东风味［M］. 北京：中国财政经济出版社，1999.
[20] 江苏饮食服务公司. 中国名菜谱——江苏风味［M］. 北京：中国财政经济出版社，1999.
[21] 山东饮食服务公司. 中国名菜谱——山东风味［M］. 北京：中国财政经济出版社，1999.
[22] 四川饮食服务公司. 中国名菜谱——山东风味［M］. 北京：中国财政经济出版社，1999.
[23] 周爱东，嵇娟娟. 烹饪学概论［M］. 北京：中国纺织出版社，2020.
[24] 四川省质量技术监督局. 中国川菜经典菜肴制作工艺规范：DB51/T 1728—2014［S/OL］.（2014-04-08）［2014-05-01］.
[25] 山东省质量技术监督局. 鲁菜 葱烧海参：DB37/T 1120—2008［S/OL］.（2009-02-05）［2009-03-01］.
[26] 山东省质量技术监督局. 鲁菜 扒原壳鲍鱼：DB37/T 1972—2011［S/OL］.（2011-10-25）［2011-11-01］.

[27] 山东省质量技术监督局. 鲁菜 油爆海螺: DB37/T 1971—2011 [S/OL]. (2011-10-25) [2011-11-01].

[28] 山东省质量技术监督局. 鲁菜 九转大肠: DB37/T 1124—2008 [S/OL]. (2009-02-05) [2009-03-01].

[29] 山东省质量技术监督局. 鲁菜 火爆燎肉: DB37/T 2658.50—2015 [S/OL]. (2015-04-13) [2015-05-13].

[30] 山东省质量技术监督局. 鲁菜 醋椒鱼: DB37/T 2658.54—2015 [S/OL]. (2015-04-13) [2015-05-13].

[31] 山东省质量技术监督局. 鲁菜 炸烹大虾: DB37/T 2562—2014 [S/OL]. (2014-10-13) [2015-11-10].

[32] 山东省质量技术监督局. 鲁菜 油爆乌鱼花: DB37/T 2576—2014 [S/OL]. (2014-10-13) [2015-11-10].

[33] 山东省质量技术监督局. 鲁菜 锅烧鸭子: DB37/T 2574—2014 [S/OL]. (2014-10-13) [2015-11-10].

[34] 广东省市场监督管理局. 粤菜制作职业技能等级规范: DB44/T 2653—2025 [S/OL]. (2025-04-24) [2025-07-24].

[35] 张中尤. 流香: 张中尤经典川菜作品集 [M]. 成都: 四川科学技术出版社, 2021.

[36] 方树光, 陈育楷. 方树光经典潮州菜技法 [M]. 广州: 广东科技出版社, 2023.

[37] 陈苏华. 中国名菜: 大淮扬风味制作 [M]. 上海: 复旦大学出版社, 2021.